드네프르강의 눈물

드네프르강의
눈물

한영복 · 고범규

지식공감

Prologue

1

에너지라는, 가깝지만 비교적 생소한 분야에 대해 국민적인 이해와 공감을 도출하는 데 조금이라도 기여하고자 하는 마음에서 이책을 쓰게 되었다. 이 책을 통하여 태양광의 물리적 특성을 체계적으로 설명함으로써 다수의 국민들이 태양광발전을 제대로 이해하는 데 도움이 되고자 하였다. 또한 방사능에 대한 막연한 공포를해소하는 데도 도움이 되고자 하였다. 태양광이나 풍력발전의 물리적 특성을 정리하면,

- 첫째, 발전량이 적어서 주력 발전원이 될 수 없다.
- 둘째, 간헐성으로 인해 안정적이지 못하다.
- 셋째, 에너지 밀도가 낮아 매우 넓은 땅을 필요로 한다.

이런 이유로 탈원전은 그 자체가 불가능하다. 잘못 설정된 목표인것이다. 그럼에도 불구하고 무리하게 탈원전을 추진하면 다음과 같은 결과에 직면하게 된다.

- 에너지 안보의 위기를 초래한다.
- 국민경제와 가계에 악영향을 끼친다.
- 환경에 악영향을 끼친다.
- 미래지향적 산업 인프라 구축이 어려워진다.

이 책을 통해 이상의 내용을 다루는 것을 주안점으로 설정했다. 또 원전사고가 났던 체르노빌이나 후쿠시마의 현재의 모습을 관찰함으로써, 독자들이 보다 실감나게 방사능에 대한 진실을 볼 수 있도록 하였다. 우리 원전이 뛰어난 점도 지나치지 않았다.

태양광이나 풍력은 원전을 대체할만한 에너지가 왜 안 되는 것인지를 감히 수학적인 논증을 통해 입증하고 싶었다. 그것이 누가 보더라도 객관적으로 타당하므로. 태양광발전에 대한 논리는 미흡하긴 해도 어느 정도의 접근은 이뤄지지 않았을까 한다. 앞으로 재생에너지를 이해하는 데 있어서 하나의 접근법으로 활용되길 바라는 마음이다.

사실 태양광을 규명하는 것은, 탈원전의 논란에 있어 꼭 짚어보아야 할 핵심임에도 불구하고 대부분의 토론은 방사능과 환경에 치중되어 있었다. 그러나 앞으로는 이렇게 태양광발전 자체를 규명해 보는 시도가 더 활발해졌으면 한다. 이것은 탈원전 논쟁뿐 아니라 앞으로 재생에너지를 어떻게 활용하는 것이 바람직한가 하는 방법을 정립하는 데 있어서도 도움이 될 것이다.

후쿠시마 방문기와 체르노빌의 이야기를 통해 독자들이 원전사고 지역의 현실을 알고 간접적으로나마 체험함으로써 원전과 방사능에 대한 막연한 공포와 몰이해를 덜어내기를 부탁드린다.

2

소형 모듈 원자로(SMR) 혹은 소듐 냉각 고속로(SFR) 등에 관한 보도가 자주 눈에 띈다. 여러 나라들이 차세대를 이끌 다양한 원자로 개발에 몰두하고 있다. 지금 SMR은 원자력계의 Game Changer

이다. 우리나라는 원전산업도 조선업도 선두였지만, 다른 나라들이 선박용 원자로를 개발하는 사이 우리는 탈원전으로 구경만 하고 있다.

미래는 고밀도 에너지의 시대라서 각양각색의 다양한 원자로가 나타날 것이다. 영화 〈어벤져스〉 속 주인공의 수트에 달린 원자로가 우리의 현실에 나타나지 말란 법은 없다. 오히려 그것은 우리가 지향해야 할 방향이며, 고밀도 에너지의 시대가 어떤 것인지를 상징적으로 잘 표현하고 있다. 불과 10여 년 뒤면 각국의 과학기술은 한 걸음 성큼 나아가 세계 시장은 다양한 SMR 각축장이 될 것이다. 머지않은 미래에는 핵융합, 핵분열, 그리고 수소 에너지가 우리의 생활 깊숙이 뿌리 내려 탈원전이란 용어조차 생소한 시대가 올 것이다. 뒤로 가는 에너지 정책이 아니라 앞을 향해 내닫는 에너지 정책을 추구해야 한다.

원자력산업은 갈수록 치열하게 달아오를 것이다. 한국은 2012년에 이미 세계 최초로 중소형 원자로 SMART를 개발했다. 하지만 더 이상 나아가지 못하고 남들에게 추월당하고 있다. 어려운 가운데 각 기업들이 개별적으로 외국과 공동으로 기술을 개발하며 명맥이 유지되고 있다. 이제는 그만 탈원전을 멈추고 우리 기술진들이 다시금 원전산업의 주도권을 회복하고 마음껏 연구개발에 몰두할 수 있도록 해야 할 때다.

국제적인 에너지 파동으로 에너지 원자재의 가격은 살인적으로 급등하고 있음에도 불구하고, 한국의 정책 입안자들은 탈원전이란 구호를 내걸고 재생에너지에 드라이브를 걸며 원전 폐지에만 몰두하고 있다. 간헐성 에너지의 한계가 드러난 지금 재생에너지에 대해 품어온 막연한 기대는 그만 접어야 할 때다.

다시 한번 이 책을 통하여 국민들이 재생에너지에 대해 올바로 이해하고, 원자력이나 방사능에 대해 막연한 불안감을 걷어내는 계기가 마련되길 바란다. 아울러 탈원전의 문제점을 이해하는 데 도움이 되었으면 하는 마음이 간절하다.

그동안 활동하는 데 도움을 주신 분들과 이 책이 나오는 데 도움을 주신 분들에게도 감사의 마음을 전한다. 신촌에서 에너지를 공부한다고 애썼던 〈바른 교육 학부모 연합〉의 다정한 친구분들과 함께 활동했던 시간이 주마등처럼 떠오른다. 탈원전을 저지하는 데 누구보다 열심히 애써온 강창호 에너지흥사단 단장, 〈사실과 과학 네트웍〉의 조기양, 신광조, 최영대 세 분 대표님의 깊은 열정과 노력에 경의를 표한다. 학계와 산업계에서 고생하며 원전을 회복시키고자 애쓰시는 분들께도 국민의 한 사람으로서 감사의 말씀을 드린다.

흔쾌히 추천사를 써주신 모든 분들께도 진심으로 감사의 말씀을 전한다. 원자력계의 원로분들과 북 콘서트 겸 세미나를 함께 가진 것은 좋은 추억으로 남았다. 우리의 원전산업이 다시 기지개를 펴는 때가 속히 오길 기대한다.

추천사

대한민국에서는 지금
원자력 과학과 탈원전 미신이
대립하고 있습니다.

문재인 대통령의 탈원전 선언이 대립의 시작이었습니다. 그때도 문 대통령은 탈원전의 이유를 설명하지 못했고 5년이란 시간이 지난 지금도 설명을 못 하고 있습니다. 원자력산업계에서는 지속적으로 토론의 자리를 마련하라고 요구했지만 아직도 묵묵부답입니다, 문 대통령이 주장하고 있는 것이 미신이기 때문에 국민을 설득할 수 있는 과학적 답이 있을 수 없습니다.

이 책의 저자인 한영복 자유민주통일교육연합 공동대표와 고범규 사실과 과학 네트웍 정책간사는 원자력과 이해관계가 전혀 없으면서 나라와 민족의 앞날을 위하여 원자력의 필요성을 주장하는 사람들입니다. 그동안 직접 관찰해온 사회 속의 에너지 문제를 폭넓고 깊이 있게 파헤쳤습니다. 특히 태양광의 문제점과 방사능의 과대 공포에 대한 논거는 우리 사회의 잘못된 부분을 잘 드러내고 있습니다. 원자력에 종사하는 사람이 원전을 알릴 때 자기 밥그릇을 지키기 위한 행동이라고 폄하하는 탈원전론자들에게 한 방을 먹이는 쾌거입니다.

이 책이 우리 사회의 미신적인 인식을 도려내고 에너지 영역을 정치화하는 자들을 몰아내는 기회가 되기를 진심으로 바랍니다.

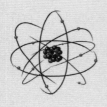

박 상 덕

원자핵공학 박사
서울대학교 원자력정책센터 연구위원
전 한국전력 전력연구원장
전 산업통상자원R&D기획단 에너지MD

대통령마저 속아 넘어간 탈원전입니다. 일반 국민이 그 내막을 속속들이 파헤쳐 이해하기란 너무나 힘겨운 일입니다. 탈원전은 근거 없는 공포가 과학을 집어삼킨 것입니다. 마치 온갖 괴담이 넘쳐났지만 허구로 밝혀진 광우병 사태처럼, 이 책은 탈원전의 실체를 일반 대중에게 안내 가능한 좋은 책입니다. 두 분 저자님께 감사드립니다.

강창호 | 에너지홍사단 단장, 기술사, 한국수력원자력

문재인 정부가 원자력발전을 폐지하는 황당한 정책을 강행하여 국민의 고뇌가 깊은 때에, 원자력발전에 관련된 제반 문제들의 실상을 소상히 밝히는 훌륭한 책이 발간된 것에 경의를 표한다.

화석연료가 고갈되는 미래에 대비하려면, 우주나 해저로 활동 범위를 넓혀가려면, 핵에너지는 개발하지 않을 수 없다. 다행히도 이승만, 박정희 등 선각적 지도자들의 시대를 앞선 결단과 과학자 등의 헌신적 노력으로, 우리 대한민국은 기적적으로 최고 수준의 원자력발전 능력을 갖추고 있는데, 정부가 앞장서서 이 소중한 자산과 능력을 파괴하겠다니 이 무슨 황당한 일인가?

안전이 중요한 문제임은 말할 것도 없지만, 오늘의 문명은 이미 원시적 자연 상태를 멀리 떠나왔기 때문에 안전도 인공적으로 확보하지 않을 수 없는 실정이다.

또한 원자력의 과학적 안전성은 다른 분야에 비하여 훨씬 더 높은 것이 명확한 사실이다. 우리나라는 화석연료도 적고 태양광발전이나 풍력발전의 여건은 세계 최악 수준이어서 에너지를 안정적으로 확보하려면 다른 나라보다 원자력발전이 더 중요하다는 것, 원자력발전이 국가의 독립성과 안전성을 보장하는 데 큰 기여를 할 수 있다는 것도 공지의 사실이다.

이 책이 많이 읽혀서 태양광발전과 원자력발전에 관하여 정확한 지식이 크게 증진될 수 있기를 기원하면서, 애국운동에 바쁜 일정에서 틈틈이 연구하여 이러한 귀중한 책을 발간한 저자들에게 거듭 감사드린다.

구상진 | 자유민주통일교육연합 상임공동대표
| 법학박사, 변호사

원자력에 대한 막연한 불안감과 불신을 과학적이고 합리적인 논리와 담백한 언어로 미래세대를 위해 우리 사회의 에너지 정책이 나아가야 할 방향을 뚜렷하게 제시한 저서로, 탈원전의 정책으로 무너져 버린 우리 원자력발전이 '탄소중립'을 이룰 수 있는 최고의 에너지이며, 수출로 인한 국익을 높

이고 기술이전을 통해 국격을 향상시키는 최선의 에너지임을
재평가해야 하는 미션을 던져주는 책이다.

김병기 | 전 한국수력원자력 노동조합 초대, 7대 위원장

안정적인 전력원이자 국부의 중심 기둥의 하나였던 원전
을 제 발로 걷어차 버린 상황에 대한 당혹감과 분노가 시간이
가면서 무관심과 외면으로 바뀌어 가고 있을 즈음, 문제의 핵
심을 담담하게 짚어준 글이 나와서 함께 읽어볼 것을 감히 추
천드립니다. 포기가 아닌 소망의 글이기에 기도하는 마음으
로 읽어보시면 유익할 것 같습니다.

김의경 | 연세대학교 통일학 박사

생명보호 · 환경보전 · 주권수호, 이 더 없이 중요한 가치
를 위해서 우리는 무엇을 취하고 무엇을 버려야 하는가? 태양
광발전을 택하고 원전을 포기하는 것은 저 가치들과 우리 자
신을 버리는 길임이 현실로 드러나고 있다. 이 책은 바로 그
두려운 진실을 논증하고 있다.

석희태 | 사회정의를 바라는 전국 교수 모임 공동대표
| 연세대학교 객원교수

아름다운 드네프르강 유역의 비옥한 흑토가 장관을 이루는 곡창지대 우크라이나는 자원이 풍부하지만, 러시아의 에너지 무기화에 휘둘려 유럽의 최빈국이며 에너지 종속국으로 전락하였다. 작가는 이것을 '드네프르강의 눈물'로 표현하고 있다. 우크라이나가 NATO에 가입하려 하면 러시아의 가스 공급 중단으로 영하 20도의 겨울을 나게 될 위험에 처한다. 요즘 우리의 아름다운 산하를 덮어 가는 태양광 패널은 그 자체가 혐오시설인데 설상가상 그 약점을 보완하기 위해 더 많은 가스를 수입해야 된다는 기막힌 사실을 저자는 '드네프르강의 눈물'에 비유하여 고발하고 있다. 세계 최고의 원전을 사장하고 재생에너지로 역주행하는 어리석은 걸음을 멈추게 하고자 애쓰신 저자의 사심 없는 수고에 무한 감사를 드린다. 널리 많이 읽혀야 한다.

에스더 김 ∣ 바른교육학부모연합 대표

　　원자력발전과 태양광발전에 대한 진실과 미래를 이 책 한 권에 모두 담았다. 원자력발전에 대한 우수성과 혁신적인 사례가 잘 설명된 이 책은 대한민국 전력의 이정표가 될 것이다.

유재일 ∣ 정치평론가

이 책은 탈원전 정책에 대하여, 태양광이나 풍력은 원전의 대체에너지가 될 수 없다는 객관적 논거를 제시하고 있다. 자원이 부족한 우리는 재생에너지에 대한 막연한 기대를 접어야 한다. 탈원전은 세계수준의 원전기술과 시장을 스스로 포기하는 것이며 고급인력을 외국에 내주는 꼴이다. 미래세대에도 큰 부담을 떠안겨 줄 것이다. 그러면서도 탈원전론자들은 북한에 원전을 지원하자는 데는 침묵하거나 동조하고 있다. 이런 모순되고 이해하기 어려운 탈원전 정책은 과연 누구를 위한 정책인가를 대한민국 국민이라면 심각하게 고민해 봐야 한다. 이 책은 이러한 문제에 충분히 답하고 있다.

윤광섭 | 전 국가안보회의 위기판단관, 예비역 육군소장

문재인 정부의 탈(脫)원전 정책은 4차 산업혁명 세대를 에너지 빈곤으로 몰아넣는 '거꾸로' 정책이다. 그런데도 원자력에 대한 국민들의 막연한 불안감과 몰이해는 여전하다. 처음 한영복 대표를 알게 된 이후, 그는 줄곧 이 부분에 대한 일종의 사명감을 말해 왔다. 대한민국의 올바른 에너지 정책 수립을 위해서 모든 국민이 공감할 수 있는 원자력 이야기를 이제 그를 통해 듣게 되니 참으로 기대가 크다.

전혜성 | 바른인권여성연합 사무총장

중국에서 일어나고 있는 국가가 주도한 장기이식산업의 장기공급처로 희생되고 있는 수십만 명을 위한 진실규명을 해왔기에 다수가 무관심하거나 왜곡된 사실을 믿는 상황에서 진실을 밝혀가는 길이 얼마나 험난한지 잘 안다. 누릴 수 있는 편안한 삶 대신 오랜 시간, 심혈을 기울여 자료를 수집하고 연구하며, 반박할 수 없는 데이터를 갖추어 출판을 준비한 저자의 노력으로 진실이 더 널리 공유될 수 있길 바란다.

이은지(Eunji Spitler) |
중국 내 이식 오용 종식을 위한 국제연대 한국대표 |
ETAC(International Coalition
to End Transplant Abuse in China)

기후위기 속 잘못된 탈원전 망집으로 암울한 우리나라 에너지 미래. 원자력과 방사선에 대한 오해를 풀어주는 재미있고 속 시원한 전개가 돋보이는 책. 국격의 기술 원자력으로 우리나라 에너지 미래가 다시 밝아지길 바랍니다.

정용훈 | KAIST 교수, 원자력 및 양자공학 박사

태양광은 간헐성 때문에 꼭 ESS와 짝을 이루어 운용해야 하는 불완전한 전원이라 비용이 매우 비쌀 수밖에 없다는 점과 대중이 잘못 알고 있는 원자력의 높은 생명 안전성에 대해 제대로 설명하는 훌륭한 책입니다.

주한규 ┃ 서울대학교 교수, 원자핵공학 박사

과학적 상식으로는 이해할 수 없는 문재인 정권의 탈원전 폭주에 맞서 전문가와 시민들이 함께하는 〈사실과 과학 네트웍〉이 원자력 계몽활동을 해오고 있다. 그동안 아쉬웠던 것은 원전의 경제성과 안전성에 관한 논의 외에, 정작 태양광 등 재생에너지의 한계와 문제에 대한 토론이 소홀했고, 또 참고할 서적이나 자료도 마땅치 않다는 것이었다. 이 책은 우리나라에서 태양광발전이 원전을 대체하지 못하는 이유와 그것이 늘어나면 어떤 결과에 이르는지를 명쾌하게 규명하고 있다. 본 책자가 앞으로 망국적인 탈원전을 바로 잡고 에너지 정책을 정상화하는 데 큰 도움이 될 것으로 확신하며 감히 일독을 강력하게 추천하는 바이다.

최영대 ┃ 사단법인 사실과 과학 네트웍 공동대표

코로나19로 어려운 때에 한국이 최고의 원전기술을 보유하고 있는 것은 축복이다. 문제는 무리한 탈원전이다. 수십 년 쌓아올린 원전기술이 사장될 위기다. 재생에너지도 필요하지만, 경제적이고 안전한 원전을 포기할 필요는 없다. 탈원전을 추진하던 나라들도 다시 원전을 가동하기 시작했다. 기후 변화나 에너지 안보에도 원전이 가장 적합하다. 이 책은 태양광발전의 실체를 세밀하게 밝힌다. 한국 에너지 정책의 현주소를 진단하고 미래상을 제시하며 국제 동향도 설명하고 있다. 독자제현께 정중히 일독을 권한다.

추봉기 | EPOCH TIMES 부사장

원전 폐기론자들이 가장 우려하는 것은 안전문제이다. 체르노빌, 도호쿠 원전사고로 두려움이 있는 것은 당연하다. 중국은 사고가 나면 당장 우리에게 직접적인 피해를 줄 수 있는 예닐곱 개를 포함해서 현재 38기의 원전을 가동 중이고, 장차 150기로 늘릴 예정이라 한다. 우리가 원전기술을 더욱 발전시켜 세계 각국에 수출도 하고 지원도 해야 한다. 그래야 우리도 안전하다. 태양광발전을 분석하고 원자력발전의 필요성, 안전성, 경제성 그리고 세계적 추세를 서술한 이 책, 강추한다.

한민호 | 전 문화체육관광부 국장

드네프르강의
눈물

Contents

PART 1

드네프르 강의 눈물

한영복

- 연세대학교 정치외교학과
- 사단법인 사실과 과학 네트웍 이사
- 자유민주통일교육연합 공동대표
- 중국전략연구소 객원 연구위원
- 자유경제네트워크 대표

1장

에너지 파동에도 거꾸로 가는 에너지 정책

바람이 잦아드니
에너지 비상이 걸렸다

국제 에너지 파동이 심상치 않다. 산유국의 생산량 동결로 유가가 급등 조짐을 보이고 7년 만에 텍사스유는 배럴당 80달러를 돌파했다. 하지만 유가는 고공행진을 이어갈 전망이다. 수요 급증으로 석탄가가 2008년 금융위기 이후 13년 만의 최고치를 찍었다. LNG 가격도 오르고 있다. 채희봉 가스공사 사장은 2021년 10월 15일 국회 국정감사에서 "LNG가격이 대폭 상승해서 도시가스 요금 인상이 필요하다"고 토로했다. 동북아LNG 100만 Btu당 현물 가격은 2020년 10월 6일과 2021년 10월 6일 1년 새에 5.2달러에서 56.3달러, 10.8배로 치솟았다. 장기화 될 가능성도 배제할 수 없다.

미국은 바이든 정부 들어 파리기후협약에 복귀하고 온실가스 문제를 해결한다며 재생에너지에 힘을 실었다. 하지만 전 세계적으로 불어온 재생에너지 붐은 전기요금 인상과 온실가스 증가를 부채질하게 된다. 우리나라는 원전을 제외하면 97%의 에너지를 수입에 의존한다. 매년 200조 가까운 돈을 에너지 수입에 쓴다. 국제 에너지 가격이 예상처럼 고공행진을 이어간다면 우리에겐 치명적이다. 이럴 때일수록 원전은 에너지 비용 부담을 덜어주니 경제성이 빛을 발할 뿐 아니라 무엇보다 에너지 안보에 필수 불가결이다.

지금 각국은 에너지 비상이 걸렸다. 거대한 나라 중국은 순환 정전을 하고, 영국은 풍력의 비중이 25%나 되는데 바람이 멈추니 전기료가 무려 7배로 뛰었다. 영국의 사정은 공동 전력망으로 연결되어 있는 독일과 프랑스 등 유럽의 국가들에게도 영향을 줬다. 원자재 중에서도 에너지 가격 파동의 파급력은 특히 클 수밖에 없다. 그 이유는 에너지는 모든 것에 영향을 미치기 때문이다. 모든 제품과 용역의 원가 상승으로 이어진다. 세계적인 인플레이션을 우려하지 않을 수 없다.

에너지를 둘러싼 각국의 생존경쟁은 더욱 치열해져 갈 것이다. 탈원전에 성공한 나라가 있는가? 재생에너지에 과다한 투자를 한 국가들이, 순진한 기대가 빗나가고, 전기요금 급등과 함께 대정전의 위기를 맞이하면서 크게 당황하고 있다. 프랑스의 마크롱 대통령은 급히 원전에 더 집중하는 정책으로 방향을 바꿨다. 프랑스는 이미 원전 대국이라 할 만큼 원전의 비중이 70%를 넘는데 말이다. 우리도, 아니 어느 나라건, 안보와 경제 문제이기에 원전 외에 다른 선택의 여지가 없는 것을 거듭 명심해야 한다. 앞으로 어떤 과정을 겪게 되는지 불 보듯 환하다. 한국과 같이 재생에너지 여건이 빈곤한 나라일수록 더하다. 우리로서는 탈원전은 절대 불가능하다. 그런데 우린 지금 그 뛰어난 원전 놔두고 어디로 가고 있는가?

탈원전 때문에 나라의 에너지 기반이 심하게 요동치고 있다. 4차 산업의 시대는 많은 양의 에너지가 뒷받침되어야 하고, 그럴수록 점차 고밀도 에너지의 중요성도 커질 것이다. 특히 우리나라와 같이 땅이 좁고 인구밀도가 높은 경우 고밀도 에너지는 필수이며, 에너지 안보나 환경, 국민경제에 대해 성패를 좌우할 만큼 중요한 요소가 될 수 있다. 많은 에너지가 필요하니 재생에너지든 다른 에너지든 적절한 조합을 선택하여 전원믹스를 구성해가야 하겠지만, 그런 중에도 우리의 전략적 선택은 고밀도 에너지에 집중해야 가장 합리적이며 효율적인 결과를 도출해낼 수 있다. 원전은 거기에다 비용마저 저렴하니 우리에겐 하늘이 준 기적 같은 선물이다.

지금과 같은 국제적인 에너지 위기 시대에 가장 뛰어난 에너지 자산인 원전을 파기할 이유란 결코 없다. 그러나 날벼락 같은 탈원전 정책으로 나라가 스스로 자멸하는 쪽으로 가고 있다. 원전을 고수하거나 늘려야 할 때 거꾸로 가고 있다. 국민의 74.1%가 원전을 유지 또는 확대하자는 의견이고 탈원전 반대서명이 100만 명을 넘었는데, 국민의 의사는 그냥 무시하고 있다. 주권자인 국민이 그 누구에게도 그런 독선을 허락하지 않았다.

프랑스의 마크롱 대통령은 '프랑스 2030계획'이란 새로운 정책을 내놓으면서 원전과 수소발전을 에너지 분야의 핵심으로 육성한다고 한다. 그것을 바라보며 부럽다는 생각이 안 들 수 없다. 프랑스와 우리의 원전 건설 경쟁력은 비교가 안 된다. 프랑스의 원전 건설 비용은 우리에 비해 겉으로 나타난 것만 봐도 210%다. 건설 중에 공기를 2~3년씩 연장하기도 하는 점을 감안하면 경쟁력 격차는 더 커진다.

우리는 UAE의 바라카 원전 건설에서 계약기간에, 계약금액에 맞춰 정확하게 공사를 마무리하는 기염을 토하면서 세계를 놀라게 했다. 그러나 탈원전에 발 묶여 프랑스를 보기만 해야 하는 심경이 착잡하기만 하다. 마크롱 대통령이 말하는 수소발전도 수소를 싼 값에 만드는 것이 중요한 요소다. 원전에서 나온 값 싼 전기로 수소를 생산해야 수소발전도 경제성을 갖게 된다. 원전의 경제성이 심층적으로 빛을 발하는 것이다. 결국 발전에서 원전의 장점을 가진 우리나라가 에너지 주도국으로 부상할 수 있는 여건이 조성되었다. 탈원전만 아니었다면 하는 생각이 사무치도록 솟구친다.

우리 같은 원전 강국에는 지금이 기회의 시간이다. 곳곳에서 원자재가격 상승에 따라 에너지 파동이 심화될수록 원전은 더 빛나게 된다. 자원빈국인 우리나라가 원전으로 에너지 안보를 다지고, 수출까지 하는 것을 보면, 많은 나라로부터 원전을 건설해달라는

'러브콜'이 올 것은 자명하다. 원전 시장의 점유율을 넓힐 좋은 기회인 것이다. 많은 나라들이 한국의 원전기술을 부러워하고 우리와 제휴하고 싶어 한다. 우리는 국제적인 영향력을 넓히게 되고 국격은 올라갈 것이다.

그러나 엉뚱한 탈원전 정책이 모든 것을 흩트려버렸다. 불과 몇 년 사이지만 태양광 패널에 지나치게 많은 힘을 쏟았다. 2020년 8월 기준 전력망에 연결되지 못한 태양광발전 시설이 전체의 39%에 이른다. 그 많은 설비가 발전하지 못하는 상태로 서 있는 것이다. 이것을 모두 전력망에 연결하는 데도 5년이 걸릴지 10년, 아니 그 이상 걸릴지 장담할 수 없다. 태양광발전 인프라 구축에 초점을 맞추지 않고 설치사업만 줄기차게 해온 결과다.

그런 상황에서도 한편으로 탈원전은 브레이크 나간 자동차처럼 과속 주행을 멈추지 않는다. 오히려 점점 더해간다. 2030년까지 누적해서 총 11기의 원전을 폐기한다. 태양광과 풍력의 설비 규모가 2034년 68.8GW, 27.7GW가 되고 2050년에 이르러서는 464GW, 44GW가 된다. 더 사용해야 한다는 원자력계의 애끊는 조언을 묵살하고 고리1호기, 월성1호기 모두 멀쩡한데 사망 선고를 내려 버렸다. 태양광발전으로는 폐기한 원전의 공백을 메꿀 수 없다. 결국 LNG발전으로 가고 온실가스는 급증하게 된다.

온실가스도 그렇지만 전기료도 오를 수밖에 없지 않은가? 가계와 기업의 부담은 늘어나고 수출주도형 산업에서 원가 상승에 따른 경쟁력 저하는 불 보듯 뻔하다. 이제까지 전기료 신경 안 썼지만, 이제 봄날은 갔다. 60원짜리 원전을 내버리고 LNG발전과 태양광발전의 복합단가 110원인 전기를 써야 하고, 앞으로는 그 가격도 어림없을 것이다. 원자재가 상승으로 전기요금이 얼마나 오를지 감도 잡기 어렵다. 그동안 독일에 비해 1/3밖에 안 되는 저렴한 전기요금 덕택에 다양한 가전제품 맘 놓고 사용하며 간식 요리하던 시절은 가고, 일본과 독일의 주부처럼 전기료 걱정에 함부로 요리 못하는 때가 오게 된다.

전기료 안 올리면 한전의 적자를 어찌 감당하겠는가? 탈원전 선언하면서 애초에 전기요금은 2022년까지 인상 없고, 그 후 2030년까지 2017년 대비 10.9% 올리게 된다고 국민을 안심시켰다. 하지만 한전은 막대한 적자에 허덕이고 있다. 한전의 적자를 감추고 인상하지 않으니, 거짓 행정에 국민들은 문제를 체감하지 못하고 있다. 도저히 더는 못 버티게 되자 하는 수없이 국민 앞에 인상 얘기를 조금씩 슬슬 풀어 놓는다. 이것도 국민 세금으로 보전해주려고 꼼수를 부리다 비난만 받았다.

그런 와중에도 탈원전이란 파행의 길을 재촉하며 남들은 피하려는 길을 제 발로 들어가고 있다. 60년간 기술을 갈고 닦아 원전 최

강국의 금자탑을 쌓아 올린 뛰어난 기업들이 폐업하고 부도나고 원전 생태계를 떠나갔다. 피눈물이 맺히는 일이다. 그 와중에 우수한 기술진이 일자리를 잃으니 소중한 기술, 심지어 장비마저, 중국 등 경쟁국에 넘어가고 있다. 해외의 큰 시장에서 우리를 부르고 있지만, 깃발만 꽂으면 되는 영국, 사우디 같은 곳조차 길 닦아 놓고 진입 못 하고 있는 실정에 망연자실할 뿐이다.

국가와 국민을 위해서 늦었지만 지금이라도 '탈탈원전'하길 간곡히 바란다. 한국의 원전은 세계가 '러브콜'하는 꿈의 에너지요 미래의 에너지다.

원전을 태양광발전으로
교체하면 생기는 일은?

원전을 태양광발전으로 바꾸면 어떻게 변해갈까? 다음은 전형적인 과정이다. 재생에너지에 집중해온 독일이 왜 유럽에서 온실가스를 가장 많이 배출하는 국가가 되었는지, 지금 전 세계가 왜 LNG 가격 상승의 충격을 받고 있는지 이해하기 쉬울 것이다.

① 태양광발전은 원전에 비해 수십 배의 많은 땅을 필요로 한다. 수많은 태양광 패널이 임야, 농지 등에 설치되면 환경파괴의 문제가 발생한다.
② 태양광발전은 하루에 평균 3.6시간만 가능하다. 눈비가 오거나 밤에, 구름이 낄 때 등은 발전이 불가능하기 때문이다. 따라서 나머지 20.4시간의 전력 소비를 위해 LNG발전소를 추가로 더 세워야 한다. 따라서 발전소 건설비용이 이중으로 발생하게 된다.
③ 태양광, LNG발전 단가가 높아 전기요금이 올라간다. 가계 부담이 늘고 기업 경쟁력이 약화된다.

④ 하루에 3.6시간만 태양광발전이 되고 20.6시간 동안 LNG 발전을 하므로 LNG발전이 과다하게 늘어나 수요 증가에 의한 가스 가격 상승의 원인이 된다.

⑤ LNG발전 20.4시간 동안 온실가스가 원전에 비해 20배 이상으로 발생한다.

⑥ 해가 뜨지 않는 날은 전력 부족으로 대정전 사태와 에너지 안보의 위험이 있다.

⑦ 태양광발전은 간헐성 때문에 수시로 정전이 발생할 수 있어서, 공장의 생산라인에서 큰 손실을 발생시킨다.

⑧ 상대국이 천연가스를 에너지 무기화에 이용하면 에너지 안보의 위기가 발생한다. 심각한 안보위기에 직면할 수 있다.

⑨ 태양광 패널은 수명이 다하면 대량의 폐기물이 발생한다. 2045년까지 한국은 155만 톤의 폐패널을 배출할 것이 예상된다. 원전 한 기만으로도 이런 문제는 생기지 않는다.

태양광발전의 용도

태양광발전은 앞에서 논한 특성에 맞게 사용하려면 주력 전원이 아니라 보조 전원으로 사용하되 안정성의 문제가 크게 중요한지 않은 곳에서 사용하는 것이 적합할 것이다. 따라서 보조금을 지급하며 발전 사업을 권장하는 방식은 적절하지 못하다. 또한 공장 등 산업용이나 특수 목적 용도를 피해서 사용을 고려하는 것이어야 할 것이다.

따라서 공공부문에서 안정성이 그리 문제가 되지 않는 분야에 활용하는 것이 가능할 것이다. 관공서의 주간 근무 시 실내조명과 같은 곳을 예로 들 수 있겠다.

민간부문 사용은 철저히 자율에 맡겨야 한다. 그것이 효율을 최대화시키며 부작용을 최소화시키는 활용 방안이다. 보조금을 전제로 태양광발전 사업을 권장하는 방식은 오히려 부작용을 낳을 수 있다. 민간에서는 그야말로 보이지 않는 손의 기능에 맡겨야 한다.

【에너지 상식】

<u>《전기 소비량 단위》</u>

▶ TW=1,000GW   ▶ GW=1,000MW

▶ MW=1,000kW   ▶ kW=1,000W

※ 1kW의 전기를 한 시간 사용하면 : 1kW x 1h = 1kWh (사용

량 : 킬로와트시, 킬로와트아워)

※ 우리나라 1가구 한 달 소비전력 : 300kWh~400kWh 정도

※ 1GWy : 1GW의 전기를 8,760시간(1년) 동안 사용하는 양

<u>《방사능》</u>

① 방사성동위원소 - 원자 내의 전자와 양성자는 같으나 중성자의 수가 달라 무게가 다른 원소를 동위원소라고 한다. 동위원소 중 에너지가 불안정한 상태라 핵이 붕괴하면서 에너지를 내고 안정된 원소가 되려고 하는 원소를 방사성동위원소라고 한다.

② 방사능 - 에너지를 내려고 핵이 붕괴하려고 하는 성질.

③ 방사선 - 핵이 붕괴하면서 나오는 입자나 전자기파의 흐름.

④ 반감기 - 불안정한 원소가 안정되려고 핵이 붕괴하면서 에

너지를 내면 방사성동위원소의 양이 줄어드는데, 절반으로
되는 데 걸리는 시간

(예) 세슘 C-137 : 30년, 아이오딘 I-131(요오드) : 8일

⑤ Bq(베크렐) - 핵이 1초에 한 번 붕괴하면 1Bq이다. 즉, 초당 붕
괴하는 횟수를 말한다.

⑥ Sv(시버트) - 생체가 방사선에 노출되는 정도를 의미한다.

1 mSv에 해당하는 핵종별 방사선량 (성인 기준)			
핵종	방사선량(Bq)	핵종	방사선량(Bq)
삼중수소	55,555,556	칼륨(K-40)	161,000
세슘 C-137	77,000	아이오딘	45,400
폴로늄	833		

※ 세슘 77,000Bq의 방사선량에 노출되면 일반인 성인 허용
한도인 1mSv에 피폭된 것이다.

⑦ 피폭량 단위 : 1Sv(시버트)=1,000mSv(밀리시버트), 1mSv=1,000μSv

(마이크로 시버트)

⑧ 법적 허용한도 : 연간 1 mSv

2장

아프리카에
배달된 선물

태양광 패널이 배달되다

2019년 겨울, 참으로 부끄러운 내용이 언론에 보도되었다. 우리 나라의 일부 업체들이 몇백 톤의 태양광 패널 폐기물을 처분하기가 어렵게 되자 기부하는 것처럼 해서 아프리카로 보낸 것이다. 받아 본 국가는 뭐라고 했을까? 생각만 해도 수치심에 얼굴이 후끈거리는 듯하다. 과거 소량의 폐패널은 처분하기 어렵지 않았지만, 양이 늘어나니 처분하는 것이 쉽지 않아지자 일부 업체들이 꼼수를

〈그림 1-1〉 태양광 패널 구조

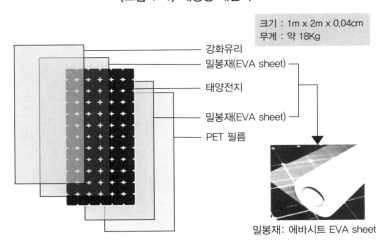

크기 : 1m x 2m x 0.04cm
무게 : 약 18Kg

강화유리
밀봉재(EVA sheet)
태양전지
밀봉재(EVA sheet)
PET 필름

밀봉재: 에바시트 EVA sheet

부린 것이다.^(tv조선. 2019.12.16. '애물단지' 태양광 폐패널…재활용 어렵자 아프리카에 기부?)

그런데 정말로 문제는 앞으로 배출될 폐패널은 어떻게 처리할 것인가이다. 최연혜 전 국회의원의 분석에 의하면 2040년에 10만ton이 배출되며 2045년에 이르면 한 해에만 약 17만6천ton, 누적해서 155만 톤이 배출될 것으로 예측된다. 가히 상상을 초월한다. 몇백 톤 처분에 끙끙 앓고 그런 짓을 했는데 이 많은 양은 장차 어떻게 처분할 것인가? 더군다나 그 이후에도 배출되며 이 문제는 지속적으로 발생하는 것 아닌가?

폐패널을 재활용하는 것은 6원의 비용을 들여 1원을 거두는 구조라서 수익성이 없다. 패널의 구성은 〈그림 1-1〉과 같은데, 프레임 외에는 5개의 층으로 구성된다. 위에는 강화유리, 두 번째와 네 번째는 에바 시트(EVA sheet)라는 밀봉재인데, 완충 작용으로 태양전지를 보호하고 접착 기능도 한다. 세 번째, 가운데 있는 것이 태양전지다. 반도체라고 생각하면 되고 햇빛을 받으면 발전한다. 다섯 번째 가장 밑의 것은 음료수병 등에 쓰이는 PET 소재의 필름이다. 재활용해도 태양전지에서 은 등을 회수하는 것인데 1% 정도만 활용하게 될 뿐이다. 거의 재활용이 안 된다. 이런 물질들이 연간 수만 톤, 수십만 톤이 폐기물로 배출된다면 환경상의 문제가 결코 적지 않다는 것을 쉽사리 알 수 있을 것이다.

원래 폐패널의 처분은 제조업체나 수입업체 등이 부담하는 것이지만, 업체들은 난감해서 뒤로 물러나 있는 상태라 2023년부터 부담시키기로 되어 있다. 앞으로 자연히 그 부담은 소비자의 몫으로 전가되어 전기료 상승요인으로 이어질 것은 당연하다.

그렇다면 과연 그 해법은 무엇일까?

탈원전 정책으로 건설공사가 중단된 신한울 3·4호기 원자로 APR1400은 우리나라가 독자적으로 개발한 3세대 모델이다. 이두 원전이 생산하는 전력을 태양광발전으로 하려면 330W 패널은 얼마나 필요할까? 다음과 같은 조건으로 계산해 보면 환경 측면에서 원전의 필요성은 보다 더 실감나게 와 닿는다.

가정	태양광 패널 규격	용량 : 330W 크기 : 가로, 세로, 두께 : 1m, 2m, 0.04m 무게 : 약 18kg 이용률 : 15% 수명 : 20~25년
	원자력발전소 (APR1400)	이용률 : 85% 수명 : 60~80년 (태양광 패널의 3배)
	〈계산결과〉 APR1400 1기와 맞먹는 패널의 양	수량 : 72,121,212 무게 : 1,298,182 ton 높이 : 2,885 ㎞. (신한울 3·4호기 : 5,770m) (지구 반지름 : 6,400㎞)

원전 1기와 맞먹는 패널의 수량은 약 7천2백만 개, 무게 약 130만ton, 쌓아 올린 높이는 약 2,885㎞에 달한다. 신한울 3·4호기

2기의 발전량과 맞먹는 양의 패널을 쌓으면 5,770㎞인데 지구의 반
지름이 6,400㎞이다. 상상을 초월하는 양의 패널이 필요하다. 이뿐
만 아니다. 언론 보도에 자주 등장하는, 패널 위에 새의 배설물이
덮인 사진을 보면 효율이 크게 떨어지거나 발전이 불가능한 것은
쉽사리 예상할 수 있다.

〈그림 1-2〉

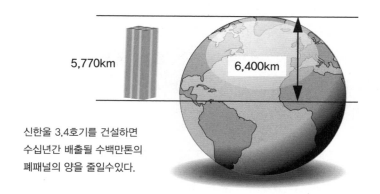

신한울 3,4호기를 건설하면
수십년간 배출될 수백만톤의
폐패널의 양을 줄일수있다.

웬만한 사람은 누구나 중국발 시뻘건 먼지가 한반도 상공을 덮고
있는 그림을 한 번쯤 봤을 것이다. 황사에 의해서는 약 30% 정도
효율이 감소하고 비 온 뒤의 물 얼룩으로도 효율은 낮아진다. 태양
광발전에 적정한 온도는 25℃이고 온도가 그 이상으로 올라가도 효
율이 낮아진다. 무더운 여름철에 태양광발전이 왕성할 것 같지만
고온으로 인해 효율이 기대치의 절반 정도밖에 안 되기도 한다. 겨
울에 눈 덮인 패널에서는 발전이 이루어질 수가 없다.

이렇게 보면 태양광발전의 효율 저하 요인이 매우 다양하게 있다는 것을 알게 된다. 따라서 실제로 태양광발전량은 규격보다 적을 수밖에 없기 때문에 원전 1기와 맞먹는 패널의 양이 계산 결과보다 훨씬 더 많을 것을 누구나 짐작할 수 있다. 원전 1기만 있어도 2045년까지 배출될 패널을 발생시키지 않을 수 있지 않은가? 10기 정도면 아마도 100년간 배출될 태양광 폐기물도 걱정하지 않게 되지 않을까? 앞으로 점점 그 양이 늘어날 폐패널을 고려한다면, 이 한 가지 이유만으로도 원전을 없애는 것은 생각할 수 없다.

원전이 우리에게 최적의 에너지원인 환경상의 이유는 그것만이 아니다. 우리나라의 인구밀도는 2019년 기준 515명/㎢로 세계 24위에 해당하며, 인도의 460명/㎢보다 높고 중국은 146명/㎢으로 아예 우리와 비교가 되지 않는다. 더구나 우리나라의 국토는 그나마도 2/3가 산지이다. 거주지 면적이 좁으니 체감 인구밀도는 훨씬

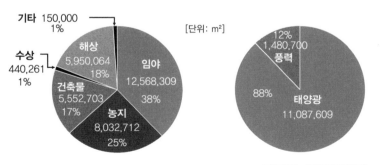

[태양광 · 풍력부지지목별비중]   [임야중태양광 · 풍력비중]

[자료출처: 산업통상자원부]

높다. 이런 여건이라면 조금이라도 더 에너지 밀도가 높은 것을 사용하는 것이 필수다.

태양광발전은 원전에 비해 너무 많은 땅이 필요하다. 미국 캘리포니아주의 토파즈 솔라 팜(Topaz Solar Farm)은 주변 반경 10㎞ 이내에 거주지가 없는 척박하고 광활한 땅 25㎢ 위에 60W 패널 900만 개로 태양광발전 시설을 갖춰 16만 가구에 전력을 공급한다.

하지만 우리는 그런 땅이 없지 않은가? 땅을 기준으로 보면 우리나라는 정말 태양광발전에 적합하지 않다. 그런데도 무리하게 밀어붙이다 보니 소규모 태양광발전 시설 수만 개가 임야에, 농지에, 저수지 등에 설치되어 있다.

환경부의 자료에 의하면 2016년 1월부터 2018년 3월까지 태양광·풍력발전 설비는 38%가 임야에, 25%는 농지에 설치되었다. 그중 임야에 설치된 것의 88%가 태양광 패널, 12%는 풍력 터빈이었다. 말하자면 우리나라의 태양광 시설은 대부분이 직접 자연환경을 훼손하며 설치된 것이다. 어찌 환경 파괴의 문제가 크지 않겠는가? 2020년 말 현재 14.6GW 규모로도 국토가 몸살을 앓는데 2050년 464GW 규모가 되게 한다고? 여의도의 약 2200배의 땅에 패널이 들어설 것을 생각하면 말문이 막힌다. 그 좋은 원전 놔두고 좁은 땅에다 왜 그런 일을 벌여야 하는가?

이뿐만 아니라 우리나라의 태양광 자원이나 풍력 자원은 빈곤한 수준이다. 미국과 비교하면 동일한 양의 전력을 얻기 위해 훨씬 더 많은 패널을 설치해야 한다. 미국의 원전과 '토파즈 솔라 팜'의 에너지 밀도를 비교해 보니 같은 양의 전기를 얻는 데 태양광발전이 원전의 90배의 땅을 필요로 한다는 보고가 있었다.

　그럼 우리나라는? 소규모 발전시설이 수만 군데로 흩어져 있으니 에너지 밀도는 미국보다 현저히 낮을 수밖에 없다. 일사량만 비교해도 미국은 우리의 1.4배다. 같은 양의 전기를 얻기 위해 미국의 몇 배의 땅이 있어야 하는지 모른다.
　이렇듯 토지 집약적 산업인 태양광발전은 우리에게 적합한 방식이 아니다.

〈표 1-2 한국과 미국의 태양광 자원 비교〉

구 분	일사량	일조량(이용률)
한 국	985kWh/m²	15.0%
미 국	1,400kWh/m²	21.0%

(일사량 자료 출처 : 도이치 방크)

풍력발전도 만만치 않다

신안 앞바다에 8.2GW의 설비를 4MW급 풍력발전 단지를 조성한다고 한다. 이 어마어마한 계획이 과학적인 검토 과정을 거쳐 만들어진 것인지 여러 가지 면에서 의문이 든다. 미국 에너지부(DOE) 산하 국립재생에너지연구소(NREL)가 밝힌 수치를 바탕으로 8.2GW의 풍력발전을 위해 필요한 공간을 계산하면 설치할 넓이가 2,100km²로 제주도 1,847km²보다 넓다.(《월간조선》 2021년 4월호. [집중검증] 〈문재인 대통령이 띄운 48조 5000억 원짜리 신안 풍력발전〉)

또 9차 전력수급기본계획에 의해 2034년까지 풍력발전 시설 27.7GW를 설치한다고 한다.(1GW는 1,000MW다.) 27.7GW라면 6,925개의 4MW 터빈을 설치하는데 이를 재검토하지 않고 계획대로 추진하면 상황은 최악에 이를 수 있다. 4MW당 1km²의 넓이를 차지하니 약 7,000km²의 넓이에 터빈이 세워진다. 여객선, 상선, 화물선, 유조선, 잠수함 등의 중·대형 선박은 거의 항해가 어려워진다. 서해바다 대부분의 해상교통이 마비되어 버리는 것이다. 우리나라는 풍력

자원 자체가 빈곤하고 작은 땅덩어리에 인구밀도가 높아 원전과는 비교가 안 될 정도로 에너지 밀도가 낮은 풍력발전으로 이처럼 대규모 사업을 벌이는 것은 무모할 수밖에 없다. 보다 다양한 분야에서 여러 전문가들의 의견을 수렴해 다시 면밀히 연구·검토될 필요가 있다. 해상풍력발전 단지의 건설비용은 육상의 3배가 든다. 신안 앞바다의 전기를 수도권으로 들여와 사용하려면 전력망 구축비용은 또 어찌하는 것인지?

풍력이 환경에 미치는 영향은 어떨까?

그림엽서의 바람개비 같은 광경을 보면 낭만적인 느낌이 들지 모르지만 실상을 알면 기분은 싹 달라진다. 바람은 사람을 위해서만 있지 않다. 바람길은 조류와 곤충이 이동하는 길인데, 그들은 바람을 타고 생각보다 넓은 지역을 이동하며 서식한다. 터빈은 바람의 주류가 있는 방향이나 높이 등을 고려하여 설치한다.

그런데 인간이 설치한 터빈이 곤충과 새들이 옮겨 다니는 길목의 중심에 우뚝 서서, 그들의 이동을 방해하고 있다. 말하자면 그들의 삶의 영역 한가운데를 침범해서 자연생태계를 위협하고 있는 것이다. 터빈 날개(블레이드)의 회전속도는 매우 빨라서 크기가 큰 것은 고속열차보다 빠르다. 미국에서는 매년 50만 마리의 조류가 풍력 터빈에 충돌해 희생된다. 크기가 큰 종은 번식 속도가 느려 개체 수 감소나 멸종을 초래할 수도 있다. 그 잔해는 터빈에 묻어 발전 효율이 낮아지기도 한다.

풍력 터빈이 회전하면서 내는 소리는 심각한 공해다. 주변 지역 가축들은 스트레스를 받아서 임신을 하지 못하는가 하면 주민들은 수면 방해로 고통을 호소한다. 터빈의 위협에 맹금류의 개체수가 줄어들면 천적 관계의 개체수가 늘어나 생태계의 교란이 일어난다. 해양에 설치된 풍력 터빈은 해저 생태계를 파괴할 것이다. 소멸하는 종이나 개체수가 감소하는 종이 나올 것은 당연하다.

터빈의 수명은 12년 내지 20년이다. 육중한 터빈이 수명을 다하면 폐기물로 인한 환경 문제도 작지 않다. 블레이드는 크기는 우리나라처럼 작은 크기의 경우 블레이드의 길이가 45m 정도이며 외국의 경우 이보다 훨씬 크다. 큰 것은 165m가 되는 것도 있다고 한다. 회전하며 만드는 원 안에 파리의 에펠탑이 들어갈 정도다. 우리나라의 63빌딩은 들어가고도 한참 남는다. 한국은 풍력 자원이 풍부하지 않아 비교적 작은 크기의 터빈을 사용한다. 블레이드는 가벼워야 하기 때문에 금속재료가 아닌 화학물질의 소재로 만들어지고 겹겹이 접착해서 만들어진다. 사용 후에 재활용 가치가 전혀 없어 환경오염의 과제를 던져준다.

정부는 2034년까지 신안 앞바다의 8.2GW 규모의 사업으로 원전 6기에 해당하는 전기를 얻는다고 한다. 기초적이고 가장 중요한 부분부터 잘못 계산되었다. 정부의 계획대로 이용률이 30%라고 하고 다시 계산해보자. 터빈의 수명은 20년이고 요즘 설계되는 원전은 1차 면허기간만 해도 60년, 미국처럼 1회 연장으로 80년까지 사용한다. 원전 수명이 3배로 감안한다.

〈표 1-3 풍력발전과 원전 비교〉

구분	규모	이용률	발전량	비교
풍력 발전	8.2GW	30%	8.2GW x 30% = 2.46GW	• 원전수명이 3배 • 풍력발전량이 원전 1기의 69%
원전	1.4GW 1기 (APR1400)	85%	1.4GW x 85% x 3 = 3.57GW	

결과는 풍력발전이 APR1400 원전 1기의 69% 정도에 그치지 않는가? 그러나 원전과 달리 태양광이나 풍력발전은 영향을 끼치는 변수가 많다. 풍질에 따라 이에 못 미치는 상황도 얼마든지 발생할 수 있다. 풍력발전량은 풍속의 세제곱에 비례한다. 초속 7m에서 6m로 약간만 줄어들어도 발전량은 약 37%나 떨어진다. 우리나라는 해안지대의 평균풍속이 약 초속 4~5m 정도이고 빠를 때는 7~8m에 이른다. 초속 11m일 때에 비해 초속 4m일 때는 발전량이 5%에 머무른다. 우리나라의 터빈에서 과연 발전량이 계획대로 나올지 의문이다.

풍력발전은 양질의 바람이 꾸준히 불어주는 것이 중요하다. 그런데 우리나라는 계절풍 지대 아닌가? 겨울에는 북풍, 북서풍이 불고 여름에는 남동풍, 남서풍, 남풍으로 바람의 방향이 바뀐다. 바람개비를 들고 앞으로 달려가면 잘 돌지만 옆으로, 뒤로, 비스듬히 달리면 잘 돌지 못하는 것이나 같은 원리다.

  태양광발전이든 풍력발전이든 이 대규모의 사업을 추진함에 있어서 약간의 시행착오도 국민과 나라에는 돌이킬 수 없는 큰 부담이 된다. 국가의 에너지 계획은 안보의 문제이며 동시에 경제와 환경의 문제이다. 그것은 미래 세대에게도 계속 이어진다. 전문가의 의견을 가능한 한 많이 수렴하고 계획을 추진하여야 한다. 무모한 계획은 부메랑처럼 우리에게 쓰나미를 몰고 올 것임을 명심하지 않으면 안 된다.

3장

태양광발전의
물리적 한계

한계가 뚜렷한 태양광발전량

태양광발전의 특징은 첫째로 만들 수 있는 전력의 양이 적으며, 둘째로 간헐성으로 인해 전력 공급이 불안정하다는 것이다. 셋째, 에너지 밀도가 낮아 넓은 땅을 필요로 한다. 태양광발전과 관련된 정책을 수립함에 있어 이러한 특징이 제대로 고려되지 않음으로써, 탈원전 정책을 포함, 이 정부의 전력 수급 정책은 비현실적이며 불안정한 것이 되고 말았다.

그렇다면 태양광발전으로 만들 수 있는 전기의 양은 어디까지일까? 태양광 패널을 많이 설치한다고 발전량이 많은 것은 아니다.

〈그림2-1〉에서 보면, 일 년 8,760시간 중에서, 매시간 q만큼 평균적인 양의 전기를 발전해서 소비한다고 가정하면 연간 우리나라 전체의 전력소비량은 사각형 abcd의 넓이로 표시할 수 있다. 그중에서 태양광으로 만들 수 있는 전기의 양은 얼마나 되는지 보자.

우선 밤에는 태양광발전이 불가능하므로 50%는 제외된다. 낮에도 비나 눈이 오거나 구름이 끼는 시간을 감안해야 한다. 해가 떠

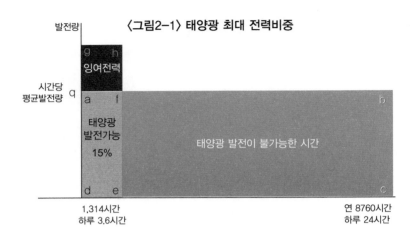

〈그림2-1〉 태양광 최대 전력비중

발전량

시간당
평균발전량

잉여전력

태양광
발전가능
15%

태양광 발전이 불가능한 시간

1,314시간
하루 3.6시간

연 8760시간
하루 24시간

있는 시간도 아침·저녁의 일출이나 일몰 시간에는 태양광발전이 불
가능하다.

이런 요인들을 모두 감안하면 우리나라에서 연중 태양광발전이
가능한 시간은 약 1,314시간, 하루 평균 3.6시간 정도뿐이다. 따라
서 이론상으로 볼 때 연간 소비하는 전체 전력의 15%가 태양광발
전으로 가능하다. 즉, 태양광발전의 최대 전력비중이 15%라는 애
기다. 그림에서 사각형 abcd 중에서 사각형 afed가 차지하는 비율
이다.

여기서 의문이 생길 수 있다. 낮에 태양광발전이 가능할 때 전력
을 많이 생산해서, 즉 사각형 aghf처럼 소비량보다 더 많은 양의
전기를 생산해서 저장해 두었다가, 장마철 등 태양광발전이 불가능

한 시간에 소비하면 태양광발전으로 더 많은 전기를 생산하고 소비할 수 있지 않느냐고. 물론 그렇게 되면 태양광발전의 전력비중은 늘어난다.

하지만 국가가 소비하는 정도의 대용량의 전기를 저장하는 것은 불가능하다. 적은 양의 전기만 저장이 가능하다. 따라서 이 글에서는 전기 저장이 불가능하다는 점을 이해하고 읽어주기 바란다. 결론적으로 태양광발전의 이론상 최대 전력비중은 15%이다.

태양광발전으로 탈원전이
과연 가능한가?

　태양광발전으로 탈원전이 가능할까? 2040년의 전력수급을 추정해보자.

　전력 수요를 전망할 땐 원래 탄성률을 사용한다. 이는 GDP가 1% 성장할 때 증가하는 전력소비량을 의미한다. 7차 전력수급기본계획까지는 0.8이었다. 2019년 OECD는 한국의 GDP가 2019, 2020년에 각각 2.6% 성장할 것으로 보았다. 따라서 전력소비는 매년 2.6% × 0.8 = 2.1% 증가할 것으로 예측한다. 그러나 문재인 정부 들어 탄성률을 0.6으로 조정하여 8차 전력수급기본계획을 수립하였다. 미래 전력소비예상량이 적게 하여 탈원전의 논리를 뒷받침하게 하려는 의도였던 것으로 보인다. 9차 전력수급 기본계획에서는 2020년~2034년까지의 전력소비가 연평균 1.6% 증가할 것으로 예상했다. 또한 효율 증대와 수요관리로 목표 증가율을 0.6%로 극단적으로 낮게 설정했다. 여기서는 1.6%인 경우를 보고 나중에 0.6%일 경우도 보기로 하자.

〈표 2-1〉에서, 2020년의 발전량을 1이라고 하고 전력소비증가율은 9차 전력수급기본계획대의 예상치 연평균 1.6%로 향후 20년간 적용한다. 이와 같은 전제하에서는 2040년의 총발전량은 1.37이다. 태양광발전으로는 그중 15%인 0.21만큼의 전력을 생산한다면, 나머지는 1.16으로 2020년 대비 16% 증가하게 된다.

〈표 2-1〉

	연평균전력소비증가율	1.6% (2020~2034) (9차전력수급기본계획)
가정	• 매년 발전량과 소비량은 같다. • 2020년 태양광발전량은 없다. • 2020년의 총발전량은 1	
결과	2040년 총발전량	$(1+0.016)^{20}$ = 1.37
	2040년 태양광발전량	1.37 x 15% = 0.21
	태양광 외의 발전량	1.37 − 0.21 = 1.16
결론	태양광발전을 최대한으로 늘려도 다른 발전원도 16% 증가시켜야 2040년의 전력수요를 감당할 수 있다. (∴ 탈원전은 불가능하다.)	

〈그림2-2〉

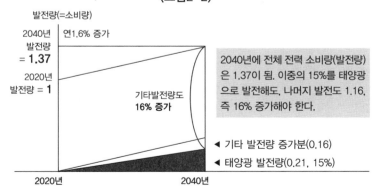

발전량(=소비량)

2040년 발전량 = 1.37
2020년 발전량 = 1

연1.6% 증가

기타발전량도 **16% 증가**

2040년에 전체 전력 소비량(발전량)은 1.37이 됨. 이중의 15%를 태양광으로 발전해도, 나머지 발전도 1.16, 즉 16% 증가해야 한다.

◀ 기타 발전량 증가분(0.16)
◀ 태양광 발전량(0.21, 15%)

2020년　　　　2040년

〈그림 2-2〉처럼, 모든 발전원이 평균적으로 증가한다면 원자력 발전도 16% 증가하게 된다. 이를 설비 기준으로 증가한다고 보면 2020년 말 원전 규모는 23.25GW이므로 23.25 × 16% = 3.7(GW) 증가해야 한다.

이것이 무엇을 뜻하겠는가?

탈원전 정책으로 중단된 1.4GW급 신한울 3·4호기의 건설공사를 무조건 재개하고 대불, 천지 등 취소시킨 원전 추가계획을 다시 회복시켜야 멀지 않은 미래의 전력수요를 감당할 수 있다는 것이다. 결론적으로 태양광발전 시설을 아무리 늘려도 탈원전은 가능하지 않다. 그것을 추구하면 할수록 우리의 에너지 기반만 위태롭게 할 뿐이다.

참고삼아 주요국의 태양광발전 목표를 보자.

〈표 2-2〉

국 가	2040년 태양광발전의 전력비중 목표
중 국	10.1 %
일 본	8.0 %
미 국	7.5 %
EU	6.3 %
인 도	16.1 %

우리나라는 2020년 태양광발전의 전력비중이 3%에 불과하다. 따라서 2040년에 15%를 달성하는 것은 거의 불가능에 가깝다

고 보인다. 독일은 20년이 걸려서야 6%에 이르렀다. 인도의 경우 2016년 현재 0.5%에 불과한데 2040년에 16.1%에 도달하겠다는 목표는 현실성이 없어 보인다. 우리나라가 2040년 15%에 이른다는 목표치도 탈원전이 불가능함을 설명하기 위한 가정일 뿐 실제로 가능하다고 보진 않는다.

어쨌든 이 정부는 태양광의 발전 능력을 과신한 나머지 곧 닥쳐올 대정전의 위기를 외면하고 2030년까지 11기의 원전을 폐기한다는 등, 무리한 정책으로 위험하게 드라이브를 걸고 있다. 영화 한 편을 보고 탈원전을 결정하는 것이 납득될 수 있는가?

전 세계가 부러워하는 기술을 수십 년 만에 개발하여 한국 원전을 세계 최고의 수준에 올려놓은 원전산업의 많은 기업들에게 지난 4년간의 탈원전 정책은 그야말로 지옥이었다. 우수한 과학자와 기술진이 일자리 찾아 경쟁국인 중국 등으로 떠나가는 것이 어찌 피눈물 나지 않을 일인가? 평생을 이 사업에 바쳤다가 졸지에 사라져간 기업들은 또 어디다 하소연하는가?

정작 원전사고를 겪은 미국, 우크라이나, 일본이 원전산업을 유지하고 도입하는 데에 더 적극적인 것은 왜일까? 원자력발전이 에너지 안보에 필수적이며 미래 4차 산업시대를 뒷받침하는 안정적·경제적·친환경적인 에너지라는 것을 알기 때문이 아니겠는가? 원전이야말로 미래 사회를 준비하는 필수 에너지이다.

실제 가능한 태양광발전의
전력비중은 얼마?

앞에서 이론상 태양광발전의 전력비중이 최대 15%라는 것을 보았다. 그런데 그것은 태양광발전이 가능한 하루 평균 3.6시간 동안 소비하는 모든 전력이 태양광발전으로 생산된 것이라는 전제하에서 15%가 되는데, 실제로 이런 상황은 가능하지 않다.

태양광발전은 간헐성이라는 중요한 약점을 내포하고 있다. 언제 눈 또는 비가 와서 발전이 불가능해질지 모른다. 간헐성 때문에 때로는 전기가 부족한 상황임에도 비나 눈이 오거나 구름이 껴서 발전량이 줄어들면 전력이 부족해지고, 때로는 전기가 충분한데도 발전량이 늘어나 잉여전력을 만들어낸다.

발전량은 소비량과 일치해야 한다. 일치하지 않으면 정전, 화재, 전력망 손상 등의 문제를 초래한다. 따라서 발전량이 많으면 발전을 하지 말아야 하는데 태양광발전은 통제가 불가능해서 이런 문제를 피해갈 수가 없다. 독일은 재생에너지 중에서도 간헐성 에너지인 풍력과 태양광발전의 비중이 높아 이런 문제가 항상 발생한다. 2017년 1월에는 비가 오고 바람이 불지 않는 날이 6일이나 이어지면서 풍력발전과 태양광발전 모두 불가능해지자 대정전의 위기에 처한 적도 있었다. 독일은 전력이 남거나 부족한 현상이 빈번하게 발생하는데 다행히 유럽의 공동 전력망을 통해 전력을 주고받는 것이 가능해 수급불균형의 문제 해결이 가능하다.

하지만 우리는 독일처럼 주변국으로 송전할 수도 없다. 불시에 정전이 발생하면 생산라인을 가동하는 공장은 피해를 입게 된다. 따라서 일부는 그런 문제를 피해갈 수 있도록 안정적인 전력 공급이 필요하다. 최소한 산업용은 안정적인 전력을 공급해야 한다. 예를 들어, 컴퓨터 시스템으로 제어되는 정밀한 공정에서 갑자기 정전이 발생한다면 기업이 입는 피해는 적지 않을 것이다.

다음의 〈표 2-3〉 2020년의 예에서 전력 소비 구조를 보면 산업용이 53.8%의 전기를 소비했다. 그런데 공장의 생산라인은 불시에 발생할 수 있는 정전의 우려를 덜고 안정적으로 가동되어야 한다. 이를 위해서는 원전이나 석탄 발전으로 산업용 전기를 포함하여 최소한 60% 정도는 불안전한 재생에너지가 아니라, 원전이나 석탄 발전 등으로 안정적인 전기를 공급해야 한다는 것을 판단할 수 있다.

〈표 2-3〉

부 문	주택용	상업용	산업용	계
소비량	13.5%	32.7%	53.8%	100%

〈자료 출처 : 9차 전력수급기본계획, 6쪽, 2019년 용도별 전력소비량〉

　태양광발전이 하루 3.6시간 가동되는 것은 평균이지만 때로는 2시간일 수도 있고 5시간일 수도 있다. 2시간 가동되다가 2시간 동안 비가 와서 멈추고 다시 맑게 개어 2시간 더 발전 가능할 수도 있다. 이런 경우 그 짧은 시간에 기상 상태의 변화에 맞추어 태양광발전을 원전이나 석탄 발전으로 교대하는 것은 불가능하다는 점이 또 하나의 이유다.

　발전원을 교체하는 일은 가전제품 끄고 켜는 것처럼 즉시 진행되는 작업이 아니며 시간이 필요하다. 규모가 큰 석탄 발전소는 꺼진 상태에서 다시 발전하는 데 걸리는 시간이 일주일이나 소요되기도 한다. 따라서 차질 없이 안정적인 전력 공급의 상태를 유지하려면 앞서 논한 대로 최소한 60% 정도의 전기는 항상 일정하게 공급되어야 한다.

　현재는 원전과 석탄 발전으로 하루 중 최저점의 출력을 의미하는 기저부하의 출력을 24시간 일정하게 유지하여 안정성과 효율을 유지하고 있다. 이상과 같이 간헐성에 따른 불안정성 때문에 우리나라에서 실제로 발전 가능한 태양광발전량은 이론상의 한계인 15%

의 40% 정도 즉, 6%라고 보면 될 것이다.

자료를 현실화하여 2040년의 전력수급전망을 다시 한번 보자. 태양광발전의 최대 전력비중은 15%가 아니라 6%라고 한다. 또 9차전력수급기본계획에서 효율성 제고와 수요관리를 통해 2034년까지 연평균 전력소비 증가율을 0.6%까지 내리겠다고 했다.

이를 그대로 2040년까지 적용해 보자. 그러면 2040년의 전망은, 태양광 외의 발전원도 6% 증가시켜야 한다. 역시 태양광발전을 최대한으로 늘려도 다른 발전원도 6% 증가시켜야 2040년의 전력수요를 감당할 수 있다. 따라서 태양광발전으로 탈원전은 불가능하다는 것이 증명된다.

〈표 2-4〉

	연평균전력소비증가율	0.6% (2020~2034) (9차전력수급기본계획)
가 정	• 매년 발전량과 소비량은 같다. • 2020년 태양광발전량은 없다. • 2020년의 총발전량은 1	
결 과	2040년 총발전량	$(1+0.006)^{20} = 1.13$
	2040년 태양광발전량	$1.13 \times 6\% = 0.07$
	태양광 외의 발전량	$1.13 - 0.07 = 1.06$
결 론	태양광발전을 최대한으로 늘려도 다른 발전원도 6% 증가시켜야 2040년의 전력수요를 감당할 수 있다. ∴ 탈원전은 불가능하다.	

원자력을 설비 기준으로 보면,

$$23.25GW \times 6\% = 1.4GW$$

즉, APR1400 1기를 건설해야 2040년의 전력 수요를 충당할 수 있다. 따라서 신한울 3·4호기의 건설을 즉시 재개하고, 계획을 폐지시켜 버린 천지원전, 대불원전의 건설도 다시 추진해야 한다는 것을 어렵지 않게 알 수 있다.

전력소비 증가율을 0.6%(9차 전력수급기본계획, 25쪽, 목표수요 전망)는 정상적인 국가 경제의 상황에서는 나타나기 어려운 수치인데, 그런 전제하에서 계산해도 원전을 포함, 태양광 외의 발전원을 6% 증가시켜야 된다는 결론이 나온다. 결국 탈원전은 절대로 불가능하다는 것이 입증된다. 그러나 지금 이 정부의 전력수급계획은 전혀 다른 방향으로 질주하고 있다.

태양광발전이
무한한 에너지라는 착각

　수력발전이나 풍력발전 또는 지열발전 등의 재생에너지는 처한 상황에 따라 각국의 주력 발전원이 되기도 한다. 노르웨이는 지리적인 요인으로 인해 95%의 전기를 수력발전으로 생산한다. 알프스의 만년설이 연중 고르게 녹아 내려오는 수력 자원으로 스위스 역시 60%의 전기를 만든다. 화산 활동으로 생긴 지형인 아이슬란드는 80%의 전기를 지열발전으로 얻는다. 북유럽의 편서풍은 뛰어난 풍력 자원이 된다. 때문에 이 지역의 국가들은 상대적으로 풍력발전이 비중이 크다. 특히 나라 전체가 해안지대로 돌출한 형태인 덴마크는 44%의 전기를 풍력발전에서 얻는다.

　그러나 우리나라의 경우 풍력 자원이나 태양광 자원은 빈곤하다. 또 앞에서 살펴본 것처럼 태양광발전은 최대 6%라는 제약에서 벗어나지 못하기 때문에, 대용량의 전기를 저장하는 것이 가능해지지 않는 한 태양광발전은 우리의 주력전원이 될 수 없다. 우리나라의 태양광발전은 태생적으로 보조 발전원의 운명을 갖고 태어난 것이다. 태양광 패널만 설치하면 거기에 비례해서 얼마든지 발전량을 늘려 전기를 얻을 수 있는 것처럼 착각해선 안 된다.

여기에서 하나 짚고 넘어가자. 탈원전을 주장하는 사람들 중엔 우리나라 국토의 4.2% 또는 6%의 넓이의 땅에 패널을 설치하면 모든 전기를 다 공급할 수 있다고 주장하는 사람들이 있다. 과연 그럴까?

우리 국토의 4.2%에 태양광 패널을 설치해 보자. 국토의 넓이가 약 10만㎢이므로 4.2%라면 4,200㎢에 해당한다. 1GW의 패널을 설치하는데 13.2㎢의 땅이 필요하므로 약 318GW 규모의 발전 설비를 갖추게 된다.

다시 한번 〈그림2-3〉으로 보자.

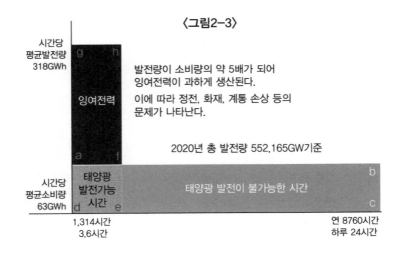

〈그림2-3〉

발전량이 소비량의 약 5배가 되어 잉여전력이 과하게 생산된다.
이에 따라 정전, 화재, 계통 손상 등의 문제가 나타난다.

2020년 총 발전량 552,165GW기준

2020년 총발전량이 552,165GWh이므로 시간당 평균 63.0GWh의 전력을 소비했다.(여기서 편의상 발전량은 소비량과 같다고 가정한다.) 그러나 태양광으로 시간당 318GWh의 전력을 생산하면 소비량의 5배에 달해 과다한 잉여전력이 생긴다. 자연히 전술한 바와 같이 정전, 화재, 계통손상 등의 문제가 야기되므로 소비전력 63.0GWh 이상의 전기는 생산하지 말아야 한다.

또 산업용 전기의 안정적 공급 또는 기저부하를 고려할 때 역시 6%의 한계를 넘어설 수 없다. 따라서 4.2%가 아니라 42%의 땅에 태양광 패널을 설치해도 여전히 6%의 제약조건을 벗어나지 못한다. 패널을 아무리 많이 설치해도 태양광발전에 한계가 있음을 고려해야 한다. 적어도 허황된 데이터로 잘못된 결론에 이르지 않게 하기 위해서 말이다.

그러나 이런 실상에도 아랑곳없이 2020년 말 수립된 9차 전력수급기본계획은, 같은 해 7월 발표된 '그린 뉴딜'을 통해 보급 속도를 가속화한다면서 중간 목표를 과하게 상향조정하였다. 태양광발전 설비는 2016년 4.5GW에서 2020말 현재 14.57GW로 증가하였다.

2034년까지 무려 68.8GW가 될 전망이며, 풍력발전 터빈은 2020년말 1.6GW에서 2034년에는 총 27.7GW가 된다. 태양광과 풍력의 합계가 무려 96.5GW에 이른다. 3020계획에 따라 2030년까지 태양광 33.5GW, 풍력 18GW로 합계 51.5GW를 목표로 하였

으나, 수정된 계획하에서는 지난 4년과는 비교가 안 될 만큼 대폭
늘어났다.

〈표 2-5〉

3020 계획 설비 증설의 2025년 중간 목표 수정(단위 GW)				2034 누적 설비(B)	14년간 증가 (B-A)	
구 분	2020(A)	수정 전	수정 후	증가		합계	연평균
태양광발전	14.6	21.4	42.7	21.3	68.8	54.2	3.87
풍력발전	1.6	8.5	9.2	0.7	27.7	26.1	1.86
합계	16.2	29.9	51.9	22.0	96.5	80.3	5.74

〈출처 : 9차 전력수급기본계획, 49쪽, 재생에너지 보급목표 및 확대방안〉

여기서 멈추지 않는다. 태양광 설비를 2050년까지 464GW로 늘
리는 방안을 구상한단다.(조선일보, 2021.6.25,"태양광, 이미 세계 4위…, 50배 증설 말이 되나?")
서울의 10배, 전 국토의 6%에 이르는 땅이 태양광 패널로 뒤덮이
게 된다. 앞서 이미 전 국토의 몇 % 등의 논리가 맞지 않음을 설명
했다. 황당한 것은 464GW를 사용할 일이 전혀 없다는 것이다. 매
년 1.6% 증가하면 2050년에는 연간 소비량이 835.2TWh, 시간
당 평균 95.3GWh를 소비한다. 9차 전력수급기본계획의 전력소비
증가율을 2050년까지 연장해 추정할 때 2050년 피크타임 수요는
157GW 정도인데 웬 태양광 설비만 464GW를 설치한단 말인가?

재생에너지에 집중하게 되면 몇 가지 위험을 수반한다. 간헐성으
로 인해 통제가 불가능하므로 수급 불안을 초래하며, 발전 원가 상

승으로 경제에 악영향을 준다. 우리나라는 무엇보다 에너지 안보의 문제를 악화시킨다. 환경에 미치는 영향도 심각하다. 재생에너지 정책에서 가볍게 보아서는 안 되는 문제들이다.

독일의 배터리 전문가 TU Clausthal 공과대학교 Frank Endres 교수에 의하면 전기 저장은 기술적으로나 경제적으로나 불가능하다. 우리나라는 하루에 약 1.5TWh의 전기를 소비한다. 전기 저장을 위해 리튬이온전지를 만들려고 해도, 전 세계의 연간 리튬 생산량이, 우리나라의 하루분 전기 저장을 위한 리튬이온전지도 만들지 못할 만큼 양이 적다고 한다. 그래서 기술적으로 불가능하다. 하지만 어찌어찌해서 기술적으로 가능하게 된다고 해도 비용이 문제다. 1MWh의 전기 저장을 위한 배터리를 만드는데 5억 원이 소요된다. 하루분 1.5TWh를 저장하려면 750조의 돈이 든다. 그래서 경제적으로도 불가능하다. 장마철에 태양광발전이 불가능한 것에 대비하기 위해 4일분 정도의 전기를 저장한다고 하자. 3천조의 돈을 들여 저장하겠는가?

간헐성!
태양광발전, 안정성이 낮다

태양광·풍력발전이 가진 커다란 또 하나의 약점은 간헐성이다. 언제 발전 가능할지, 불가능할지 알 수 없다. 불규칙하게 발전량이 부족하기도 하고 잉여전력이 생기기도 한다. 앞서 논했듯 이런 이유로 안정적 전력 공급을 필요로 하는 곳에는 적합하지가 않다. 제주도는 2019년 이후 태양광발전과 풍력발전의 설비가 급속하게 늘면서 잉여전력 발생이 빈번하게 일어나고 있다.

2020년 6월 기준 신재생에너지 접속한계용량이 498MW인데 설비용량이 620MW에 달했다. 이미 신재생에너지 최대운전 가능 한계를 초과한 것이다. 설비 보급의 속도 조절이 필요하다. 그럼에도 불구하고 설비 구축에 과속 질주를 멈추지 않고 제9차 전력수급기본계획에는 공격적으로 증설할 계획을 담고 있다.

잉여전력은 전술한 대로 화재나 정전, 계통 손상 등의 문제를 일으키는데, 독일은 다행히 유럽 공동 전력망이 있어 주변국가로 잉여전력을 송전할 수 있다. 물론 주변 국가도 자체 전력 사정상 독일의 전력을 받을 수 없는 경우 마찰이 일기도 한다. 따라서 독일은 잉여전력을 팔아야 하므로 생산원가보다 낮은 가격에 팔거나 심지어 웃돈을 얹어준 적도 있다.

그러나 어쨌든 독일은 손해를 보고서라도 잉여전력 문제를 해결하고 발전량과 소비량의 균형을 맞출 수 있으니 정전이나 화재 등의 피해를 피할 수 있다. 그런데 우리나라는 그런 공동 전력망으로 전기를 주고받을 수 없지 않은가?

〈그림 2-4〉

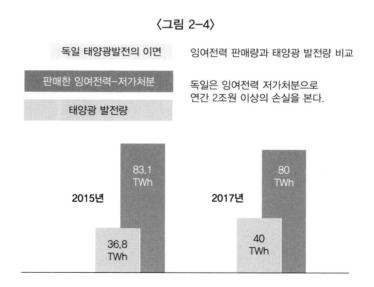

독일 태양광발전의 이면 — 잉여전력 판매량과 태양광 발전량 비교

판매한 잉여전력-저가처분

태양광 발전량

독일은 잉여전력 저가처분으로 연간 2조원 이상의 손실을 본다.

2015년
83.1 TWh
36.8 TWh

2017년
80 TWh
40 TWh

2015년 독일의 태양광발전량은 36.8TWh인데 주변국에 헐값에 판매한 양은 83TWh에 달한다. 2017년은 태양광발전량 40TWh

에 주변국에 판매한 양은 80TWh에 달한다.(IEA, WORLD ENERGY OUTLOOK, 에경원) 판매량이 태양광발전량의 2배 정도 아닌가?

그리고 잉여전력은 태양광이 발전 가능한 주간에 발생한다. 태양광발전량 전체가 고스란히 잉여전력이 된다고 볼 수도 있는 것 아닌가? 만약 태양광발전이 없다면 잉여전력은 그만큼 줄어드는 것 아닐까? 태양광발전 단가가 kWh당 평균 5.7유로센트인데 평균 판매 단가는 3.6유로센트이다. 연간 잉여전력 판매로 2조 원 이상의 손실을 보는 것이다. 독일 태양광발전의 허망한 이면을 보여주는 부분이다.

4장

경제성은
원전이 단연 최고!

원전, 뛰어난 경제성
- 발전원가

원전이 다른 발전원에 비해 경제성이 뛰어난 것이야 두말할 필요 없다. 바로 비교 불가한 경제성과 에너지 안보 때문에 앞으로 더욱 많은 나라들이 원전을 가동하게 될 것이다. 안보와 경제의 문제는 필수이지 선택에 따라 하고 안 하고의 문제가 아니기 때문이다.

간단히 살펴보자.

〈표 3-1〉

2019년 기준	원전	석탄	LNG	태양광	비고
kWh당 정산단가(원)	58.31	86.03	118.66	158	
(1)원전, LNG 복합단가	58.31x85% + 118.66x15% = 67.36				
(2)태양광, LNG 복합단가	a. 158.0x15% + 118.66x85% = 124.56				
	b. 161.9x15% + 118.66x85% = 125.15				장기계약

발전원별 단가를 보면 〈표 3-1〉과 같이 원전의 원가가 낮다는 것을 알 수 있다. 원전을 태양광발전으로 교체하는 것은 '원전

(85%)+LNG(15%)'를 '태양광(15%)+LNG(85%)'로 교체하게 되는 것임을 앞에서 설명했다. 온실가스의 경우와 마찬가지로 발전원가 측면에서도 태양광과 LNG의 복합 발전의 원가를 적용하면, (2)의 a는 태양광발전원가를 2019년 정산단가 기준으로 계산한 것이고 b의 경우는 태양광발전의 20년간 장기계약가격 kWh당 161.9원을 기준으로 계산한 것이다. 결과는 원전을 사용하는 경우에 비해 탈원전의 경우는 2배 가까이 되는 것을 볼 수 있다. 이것이 오늘날 독일의 전기요금이 한국에 비해 약 3배로 과다하게 높아진 이유다.

독일에는 에너지 빈곤층이란 말이 있다. 높은 전기요금 때문에 겨울에도 난방을 제대로 못해서 추위에 떨고 지내는 계층을 일컫는 말이다. 우리가 원전 강국으로 성장한 것이 국민들에게 얼마나 큰 혜택을 가져다주는지 제대로 알 수 있는 부분이다.

원자력이 없다면 어찌 될까? 원자력발전이 없는 제주도의 사례를 보면 쉽게 예상할 수 있다. 2019년 제주도의 발전원별 정산단가를 보면 〈표3-2〉와 같이 원전을 사용하는 경우에 비해 대단히 높아진다. 제주 전체의 발전량에서 신재생에너지의 비중은 2018년 22.6%이었지만 2019년에는 67.9%로 급격히 상승했다.

〈표 3-2〉

제주지역 정산단가 2019년	유류	LNG	바이오	풍력	태양광
	276	229	206	150	144

제주도 전체의 전력구매량은 2018년 대비 15% 늘었지만, 구매비용은 6,237억5천만 원에서 2019년 7,894억9천2백만 원으로 26% 급등했다. 신재생에너지의 비중이 늘어날수록 발전단가가 상승한다는 것을 보여준다. 특히 바이오중유가 늘어나면서 유류발전단가는 208.3원/kWh에서 2019년 275원/kWh로 급상승한 것이 정산단가를 올리는 큰 요인이 되었다.

　이제 우리가 방향을 바꾸지 않고 탈원전을 그대로 고집하면 전기요금이 어떻게 될지 충분히 이해할 수 있을 것이다. 원전의 전력비중을 줄이는 것으로도 전기요금 상승압력은 크게 느껴질 수밖에 없다. 한전이 탈원전 이후 발전원가는 상승했는데 요금을 인상하지 않으니 큰 폭의 적자를 내고 있다. 언제까지 손바닥으로 하늘을 가리는 것이 가능하겠는가? 올해만도 한전과 발전 자회사는 수조 원의 적자를 낼 것으로 예상된다.

　세계적으로 심각한 에너지 파동의 이유는 먼저 천연가스 가격의 상승이다. 이상 한파로 난방용 천연가스 수요가 증가했다. 러시아는 유럽의 천연가스의 상당 부분을 공급하는데 시베리아의 천연가스 가공공장의 화재로 공급량을 대폭 줄였다. 북미에서는 폭염에 따른 냉방용 천연가스의 소비가 늘면서 가격 상승을 이끌었다.

　그런 가운데 풍력발전량마저 크게 줄어들었다. 영국은 2020년에는 전체 전력 중 42%가 신재생에너지에 의한 발전이었다. 천연가스 34%, 원자력 17% 나머지는 석탄발전 등이다. 그러나 올해 들어 대기의 흐름이 정체되면서 해안지대에 설치된 터빈이 멈춰 섰다. 독일도 최근 풍력발전량이 예년의 절반 수준에 그치고 있다. 풍력 자원으로 세계에서 으뜸가는 북유럽지대에 풍력발전의 공백이 생기자 대혼란이 온 것이다.

신재생에너지에 크게 의존할수록 간헐성 때문에 항상 이와 같은 문제에 직면할 위험을 무릅써야 한다. 평소에 대비책이 없다면 혼란은 가중된다. 유럽의 10%의 전력을 공급하던 풍력발전이 급감하므로 전기요금은 급등할 수밖에 없었다. 1년 새에 영국의 도매전기요금이 1MWh당 6만5천 원에서 45만9천 원으로 무려 7배로 뛰었다.《(동아일보) 2021.9.24., 〈英, 바람 멈추자 전기요금 7배 급등… "풍력발전 의존 탓"〉) 원전이 전혀 없는 상황에서 이와 같은 일이 벌어진다면 그때의 전력 공급 사정은 이루 말할 수 없이 악화될 것이다.

우리에 비해 풍력 자원이 압도적으로 풍부한 영국도 불과 10GW 규모의 터빈으로 이런 사정이 발생하는데, 우리는 2050년까지 원전을 대량 폐기하고 풍력 터빈 44GW를 건설해서 착오가 생기면 그때는 어떻게 할 것인가. 44GW의 터빈을 돌려줄 바람은 있는가?
2017년 당시 백운규 산업통상자원부 장관은 재생에너지의 발전원가와 관련, 대용량 태양광발전 단지는 2025년쯤에, 그 외의 태양광단지는 2030년경에 이르러 석탄발전단가와 재생에너지 발전단가가 같아지는 '그리드패리티'가 달성될 것으로 전망했다. 태양광발전과 풍력 등 재생에너지의 빠른 가격 하락을 전망한 것이었다. 하지만 소형태양광발전의 경우 20년 동안의 장기 고정계약가격(FIT)이 161.9원이다. 한쪽으로는 장기계약으로 높은 가격을 지급해 주면서 또 다른 쪽으로는 '그리드 패리티'를 얘기하는 것이 무슨 의미가 있는가?

태양광발전 단가에는 폐기물 처리비용이나 복구비용 등이 포함되어 있어야 하는데, 현재는 포함되어 있지 않고, 어느 사업자가 얼마나 부담해야 하는지도 모른다. 2023년부터 패널 제조업체나 수입업체에 부담시킬 예정인데 실제 시행하게 되면 원가에 반영되고 따라서 전기요금에 반영될 것은 뻔하다. 앞으로 국민부담은 더 늘어나게 된다. 재생에너지로 인해 국민 부담이 늘어날 요인은 환경비용 등 여러 가지다. 또 낮은 이용률로 인해 발전설비를 거의 두 배로 건설해야 한다.

태양광도 LNG로 대체발전소를 지어야 하는데 그 건설비용이 반영되면 전기요금은 더 올라가게 된다. 결국 세금으로 충당하니 가격에 반영되지 않았어도 고스란히 국민 부담이 된다. 부담도 부담이지만, 사라진 늪지대와 수백 년 된 나무가 무성하던 산림은 무슨 수로 복구하나? 복구 불가능한 곳의 복구비용은 얼마로 평가해야 하는가?

태양광발전이 3.6시간 늘어나면 LNG발전이 5.7배, 20.4시간 더 늘어난다는 것을 얘기했다. 이로 인한 원전 대비 전기요금 상승분도 국민부담으로 늘어나는 것임을 분명히 인식해야 한다. 온실가스도 증가하게 되는데 산림이 훼손되면서 증가하는 탄소로 국제사회에 부담해야 하는 탄소 배출 비용의 증가 역시 국민 몫이다.

문재인 정부는 탈원전으로 일자리가 줄어들 것을 우려하는 목소리에 대해, 재생에너지 발전 산업의 일자리가 더 많이 생길 것이라며 국민들을 안심시켰다. 하지만 4년이 지난 지금 원전산업의 일자리나 태양광발전 산업의 일자리도 모두 줄어든 실정이다.

저가의 중국산 모듈이 대량으로 들어와 오히려 국내 태양광발전 산업마저 침식해 버린 것이다. 우리나라가 수입한 모듈은 중국산이 90%를 넘는다. 이에 따라, 2017년 118개이던 국내 태양광 산업의 제조업체 수가 2019년 97개로 줄면서 일자리가 사라졌다. OCI와 한화솔루션은 지난해 태양광 기초 소재인 폴리실리콘의 국내 생산을 접었다. 잉곳을 만들던 웅진에너지는 지난해 법정 관리에 들어갔다. ((조선일보),(2021.6.25 태양광 확대의 역설… 국산점유율은 반토막, 일자리는 10% 줄어))

오히려 국내 태양광 산업의 생태계가 무너져버렸다. 심지어 탈원전으로 원전 해체 산업에서 일자리가 늘어나게 될 것처럼 얘기했다. 이를 두고 일각에서는 자동차 산업을 없애고 폐차 산업에서 고용 증대가 말이 되느냐고 조롱 섞인 성토를 내뱉기도 했다.

탈원전으로 후속 원전 건설이 중단되자 두산중공업의 원전 부문 공장가동률이 급격히 낮아졌다. UAE의 바라카 원전 건설로 압도적인 기술 수준을 과시하며 세계를 놀라게 했던 한국 기업들이 해외시장 개척의 멋진 꿈을 한껏 키워갈 무렵, 느닷없는 탈원전 정책으로 바닥을 모르는 나락으로 추락하게 된 것이다.

두산중공업의 2020년 가동률이 10% 정도로 예상되자 원전 생태계의 수많은 기업들은 원전 부흥의 길목에서 탈원전으로 돌아선 후 불과 몇 년 새에 극에서 극으로 몰락하는 지경에 내몰리게 되었다. 아무리 튼튼하고 건강한 사람도 산소 공급이 중단되면 단 몇 분도 살 수 없는 것처럼, 아무리 기술력이 좋고 아무리 쌓아놓은 것이 많은 우량기업이라도 매출이 끊기는데 버틸 수 있는 기업은 없다.

굶기를 밥 먹듯 하던 시절

1948년 5월 14일, 북한은 남한에 공급하는 전력을 예고도 없이 끊어버렸다. 이유는 전기요금을 제때 송금하지 않은 것이라고 하지만 실상은 정치적인 이유에서였다. 당시 UN은 한반도에 하나의 정부를 세우기 위해 남북한 총선거를 실시하고자 하였고, UN한국임시위원단이 방한했다.

그러나 당시 UN이 미국의 영향을 많이 받고 있던 터라 소련과 북한은 그에 반대하여 유엔한국임시위원단이 북한에 오지 못하게 했다. 결국 유엔은 남한에서만 총선을 치르기로 했다. 그리고 1948년 5월 10일 남한에서 총선거가 실시되었다. 이후 제헌의회가 구성되고 이승만 대통령이 선출되었다. 이에 반발한 북한이 보복으로 남한에 공급하던 전력을 끊어버린 것이다.

당시 산업시설은 38선 이북에 편중되어 있었다. 일제는 만주까지 공급할 목적으로 수풍에 거대한 댐을 건설하였고 그 외에도 여러 발전소가 북한에 있었다. 그런 까닭에 남한의 전기는 북한의 전력공급에 대부분 의존할 수밖에 없었다. 북한이 아니면 공장은 유지되기 어려운 형편이었다. 그 외에 석탄도 북한으로부터 들여와야 했다. 에너지는 완전히 북한에 종속되어 있었고 북한은 이를 무기화하였던 것이다.

북한으로부터의 전력공급이 끊기자 남한의 공장가동률은 10~20%로 떨어졌다. 남한 천지가 암흑이 되어버렸다. 심지어 양수기를 못 돌리니 농사를 망쳐버리기도 했다. 남한 사회가 일거에 마비 상태가 되어버렸다.

5.14 단전 조치는 남한 사회에 커다란 충격을 주었다. 남한은 6.25 후에 전력공급 확충 작업에 들어갔다. 그리고 1958년 이승만 대통령은 미국 디트로이트 에디슨사(社)의 회장 워커 시슬러 박사로부터 원자력발전에 관한 조언을 듣게 되었다. 원자력이 석탄의 300만 배의 에너지를 낸다는 말에 이승만 대통령은 원전을 지을 것을 결심하고 그의 조언대로 인재를 뽑아 미국으로 유학을 보냈다.

당시 우리나라의 국민소득이 연 70달러로 1인당 소득이 우리보다 낮은 나라는 인도밖에 없었다. 인구를 감안하면 그야말로 지구촌의 가장 가난한 나라였다. 소말리아, 에디오피아, 우간다, 잠비아, 탄자니아, 스리랑카, 파키스탄, 아프가니스탄 등 가난에 찌들었을 것 같은 그 숱한 나라보다도 못사는 나라가 바로 한국이었던 것이다.

소말리아나 아프가니스탄 같은 나라가 세계 1등 반도체 국가, 1등 원전 국가로 부상하는 것을 감히 상상할 수 있을까? 정말 대한민국은 기적의 나라다. 그리고 그 기적은 걸출한 두 영웅에 의해서 현실로 만들어졌다.

하지만 1950~1960년대 그때는 원자력 공부해 오라고 미국에 유학생을 보내고 나라에 돈이 없어 등록금을 못 보내기도 했으니 가난이 어느 정도였는지 알 수 있으리라! 지금 생각하면 허탈한 웃음이 나올지도 모르지만, 그때는 굶기를 밥 먹듯 하던 시절, 가난과 배고픔을 숙명으로 여기던 고달프고 슬픈 시절이었다.

1971년, 현 부산시 기장군 기장읍인 고리에서 한국 최초의 원자력발전소 기공식이 열렸다. 당시 우리나라의 일 년 예산이 5,200억 원, 1인당 GDP는 290달러였는데 건설비용이 예산의 30%나 되는 1,500억 원이었다.

미국, 영국에 설비와 시공을 맡긴다는 조건으로 협상하여 어렵사리 고리1호기는 착공하게 되었다. 마을 여인숙에 건설사무소를 설치하고 창고를 사무실로 썼다. 점심때 콩나물국을 먹으면 남은 콩나물을 무쳐 저녁 반찬을 만들었다. 엉성한 숙소에서 한 이불 덮고 칼잠 자며 단체로 연탄가스를 맡았다. 날마다 흙먼지를 뒤집 어써도 샤워 한 번 제대로 못하고 생활했다.

　유일한 낙은 어쩌다 주말에 기차 타고 부산에 가서 샤워하고 중국 음식 한 그릇 먹고 오는 것이었다. 원자로 제어반(盤) 시뮬레이터를 살 돈이 없어 제어반 버튼 사진을 합판 위에 오려 붙인 모형으로 운전 요원들을 훈련시켰다. 그런 여건에서도 하나라도 더 배우려고 눈에 불을 켜고 뛰어다녔다. 그 덕분에 고리1호기는 준공 직후부터 우리 힘으로 운영했다. (이종훈 전 한수원 사장)(《동아일보》, 2017.11.1, 〈[이형삼 전문기자의 맨투맨] 상처 입은 원조 원전맨〉)

위대한 여정을 시작하는 첫 테이프를 끊은 사람은 박정희 대통령이었다. 이어서 고리2호기 3호기가 1974년과 1977년에 착공되었다. 박정희 대통령은 적극적인 원자력 정책을 펼쳤다. 1980년대는 우리 경제가 가장 눈부시게 도약하던 때다.

이 시기 상업운전을 시작한 원전이 무려 8기다. 5·16 직후부터 원자력에 깊은 관심을 보인 박정희 대통령이 수시로 헬기를 타고 한국원자력연구소(현 한국원자력연구원)에 들러 연구원들을 격려하던 모습을 아직도 기억하는 이들이 있다.

원전이 가동되기 전의 우리 사회는 순환정전이 일상이었다. 집집마다 손이 쉽게 가는 곳에 비상용 초와 성냥을 준비해두던 것이 엊

그제의 일처럼 생생하다.

1977년 6월 19일 오후 5시 40분, 한국 최초의 원전 고리1호기
가 마침내 초임계에 도달했다. 초임계란 원자로에서 첫 핵분열이 일
어나면서 발전을 시작하는 시점을 말한다. 이어서 1978년 4월, 상
업운전을 시작하며 한국의 산업은 본격적으로 활기를 띠게 되었
다. 그 이후로 순환정전은 추억 속의 일이 되었다.

우리의 경제성장에 있어서 원자력은 빼놓을 수 없는 견인차 역할
을 하였다. 값싼 전기가 안정적으로 공급되면서 수출 상품은 경쟁
력을 갖고 해외로 뻗어가기 시작했다.

〈그림 3-1〉

한국의 원자력과 경제성장

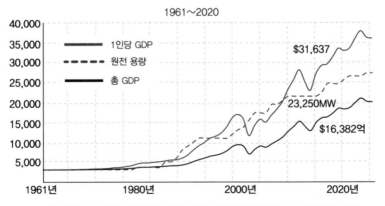

전기요금이 1983년 부터 2017년 사이 kWh당 79원에서 111원으로 34년
동안 42% 상승

원전이 상업운전을 시작하면서 우리 경제가 힘차게 돌아가기 시작한 것을 그래프를 보면 짐작할 수 있다. 고리2호기, 월성1호기가 가동되던 1983년 당시 전기요금이 kWh당 79원이었는데 탈원전 이전인 2017년에는 111원이었다. 34년 동안 42% 상승한 것이다. 한국이 그렇게 해온 것처럼, 앞으로 많은 나라에서 원전 가동은 경제성장을 뒷받침하면서 함께 확대해 갈 것이다.

원전이 더욱 중요해지는 방향으로 산업의 구조가 바뀌어 가고 있다. 또 많은 나라들이 경제규모가 커질수록 산업상의 필요로, 아니면 에너지 안보를 위해서 원전을 고려하지 않을 수 없다. 원전 르네상스의 시대가 열리고 있다. 원전의 나라 한국에 또 다른 기회의 시기가 온 것이다.

그러나 탈원전 선언으로, 고리1호기는 초임계 40주년인 2017년 6월 19일, '영구 정지 선포식'에서 사망 선고를 받았다. 아직 사용 가능하다는 전문가들의 조언은 묵살당하고 자신의 생일에 강제로 가동을 마감했다.

영광의 주역들이 사라지다

원전 생태계는 두산중공업과 약 천 개의 협력업체로 구성되어 있다. 60여 년간 일관되게 원전을 이어온 결과 한국의 원전 생태계는 다른 나라에 비해 압도적으로 탄탄하게 구성되었다. 그것은 원전 부품을 싼 가격에 조달하게 함으로써 자본집약적인 원전산업에서 한국이 탁월한 경쟁력을 갖추는 것을 가능하게 했다.

원전 건설비용이 한국에 비해 중국은 117%, 러시아는 약 150%, 원전 강국 프랑스는 210%, 그리고 TMI원전사고 후 원전 건설 경험이 없는 미국은 300%를 넘는다.

이뿐만 아니다. 계약된 공사기간이나 금액을 제대로 지키면서 공사를 완공하는 것을 감안하면 경쟁력은 더욱 벌어지고 아예 비교가 되지 않는다. 이 모든 것이 원전 생태계에 구성된 탄탄한 부품 공급망(supply chain)이 있기에 가능한 것이다. 하지만 탈원전은 원전 생태계를 위협하고, 원전 생태계가 무너지면 부품을 싼 가격에 조달하는 것이 어려워지며 경쟁력이 떨어진다. 기존의 원전에 대한 관리능력도 저하되므로 사고위험도 증가한다.

2020년 초 '원자력산업 운영기업 일동'이 대통령에게 신한울 3·4호기 건설 재개 건의문을 보냈다. 일감이 사라진 기업들이 업종 전환을 위해 시간을 가질 수 있도록 신한울 3·4호기의 건설만큼은 계획대로 진행하게 해 달라는 내용이었다. 정부의 에너지 전환 정책에 따라 원전산업의 기업이 업종 전환을 하려 해도 수년의 시간이 필요하다.

신한울 3·4호기 건설 사업은 8조2600억 원 규모다. 180개 원전 부품 업체의 읍소가 담긴 건의문에 대해 청와대의 대답은 '이미 결정된 사항'이라거나 '산업부 담당자에게 물어보라.'는 것이 고작이었다. 하루하루 애끓는 사업자들의 건의를 한가하고 무성의한 답변으로 넘겨버렸다. 과학기술계의 부총리 등을 역임한 원로들이 탈원전 정책 철회를 건의한 것도 허사였고, 아사 직전 기업들의 애환을 그대로 지나쳐 버렸다.

탈원전으로 힘들어진 지역경제를 참다못해 원전 지역의 주민들도 탈원전 철회를 요구했다. 일반 국민들 중 74.1%가 원전 유지 또는 확대를 원한다고 여론조사 결과 드러났고, 백만 명 이상의 국민이 탈원전 반대 서명에 동참했다. 하지만 아직도 탈원전의 근거나 타당성을 국민 앞에 제시하지 못하면서 여론과 전문가들의 의견을 무시하고 일방적으로 밀어붙이는 것이 아무리 대통령이라 해도 과연 통치행위로 정당화될 수 있는지, 국민이 위임한 권한에 벗어나지는 않는지 의문이다.

6·25 전쟁은 낙동강에서 압록강까지 전선이 오르내리며 전 국토를 폐허로 만들었다. 1948년경에는 국민의 80%가 글을 읽지 못하는 문맹이었다. 그야말로 척박한 곳, 1인당 GDP 70불의 나라 한국은 자원이 없고 자본과 기술이 없는 '3무(無)'의 나라였다. 가진 것이라곤 가난과 맨손뿐이었다.

이승만 대통령은 국가재정의 10%를 교육에 투자하고 초등교육을 의무화하면서 문맹을 떨쳐나갔다. 전력전문가 시슬러를 통해 원전의 꿈을 키운 1958년경 문맹률은 20%대로 낮아지고 국가 발전의 발판을 형성해 나아갔다. 1971년 고리1호기 착공 당시 우리의 1인당 GDP는 290달러 수준으로, 원전을 도입하기에는 가히 상상할 수 없는 상황이었다.

그러나 그 후 불과 60년 만에, 한국은 바라카 원전 건설로 세계를 놀라게 했다. 피와 땀으로 기적을 만들어낸 많은 기업들에게 경의와 찬사를 보낼 따름이다. 세계가 부러워하는 원자력 기술은 그렇게 이루어졌다.

그러나 마른하늘에 번개가 치듯 어느 날 갑자기 탈원전이란 철퇴를 맞고 빈사 상태가 되어 버렸다. 매출이 끊기니 폐업하는 기업, 부도로 도산하는 기업들이 나타났다. 어떤 기업은 장비를 처분해서 밀린 급여를 정산하고 문을 닫기도 했다. 두산중공업은 2020년 2월 20일부터 3월 4일까지 2600명 규모의 명퇴 신청을 받기로 했다. 《매일경제》 2020.2.18. 〈'탈원전 여파' 두산重 2600명 대상 명예퇴직〉

실직한 기술진은 일자리를 찾아 나서야 했고 팔려나간 장비 중엔 경쟁국으로 간 것도 있다. 그렇게 기술진과 장비를 통해 우리의 소중한 기술이 외국으로 흘러갔다. 도저히 견딜 수 없는 기업들이 신한울 3·4호기만이라도 건설을 재개하자고 대통령에게 호소했으나 외면당한 것이다.

드네프르강의
눈물

5장

새 단장하고
가동을 멈춘
〈월성1호기〉

〈월성1호기 폐쇄 결정 전말〉

〈2001~2017년〉
월성1호기 평균 이용률: 79.5%
월성1호기 평균 판매가: 63.80원/kWh

2009.4~2011.7	⇩	7천억 원 투입 전면 개보수
2015년 2월	⇩	• 2022년 11월까지 계속운전 승인 • 2015년 이용률 95.8%
2018년 3월	⇩	• 계속 가동하는 것이 3,707억 원 이득 • 자체분석보고서 이용률 85%, 판매단가 60.82원/kWh
2018년 4월	⇩	정재훈 사장 취임
2018년 5월	⇩	• 계속 가동하는 것이 1,778억 원 이득 • 삼덕회계법인 분석 이용률 70%, 단가 60.76원/kWh

• 산업자원부, 한수원, 회계법인 경제성 평가 조건 변경 합의
• 이용률: 60%, 단가: 48.78~55.96원/kWh로 변경
• 계속가동이 224억 원 이득(삼덕회계 최종보고서)

2018.6.15	⇩	• 한수원 이사회 조기 폐쇄 의결 • 긴급이사회. 이사들에게 경제성보고서 미공개
2019.9.30	⇩	국회 본회의, 감사원에 경제성 축소의혹 감사 요구
2019.12.31	⇩	• 감사원 감사 결과 국회 보고 시한. • 감사원, 감사기간 2개월 연장
2019.12.24	⇩	원안위, 폐쇄안건 추가한 뒤 표결 강행, 영구정지 의결

월성, 결론은 정해져 있었다

7천억 원을 들여 말끔히 단장한 월성1호기가 경제성이 없다는 이유로 가동을 중단했다. 당장 이해가 되지 않는다. 태양광발전 장기계약인 소형태양광고정가격계약(FIT)의 경우 kWh당 161.9원에 20년간 장기계약을 해주기도 하면서(《에너지경제신문》 2021.06.29. 〈장기 공급 계약 못 하면 못 버티는 구조…씨 말라가는 REC 현물시장 위기.〉) 원가 60원대의 원전이 경제성 없다는 것은 무슨 근거로 하는 말인가? 앞에서 설명했듯이 경제성이든 환경측면이든 원전을 가동할 때가 가장 뛰어나다.

월성 원전 1호기는 1983년 상업운전을 시작했다. 1차 면허기간은 30년으로 2012년까지 운전하기로 되어있었다. 2009년 4월부터 2011년 7월까지 7천억 원을 투입해 핵심 부품을 교체하는 등 말끔히 새롭게 단장했다. 그리고 2015년 2월 원자력안전위원회(원안위)는 월성1호기의 면허기간을 2022년 11월까지 10년 연장하기로 결정했다. 그러나 2017년 서울행정법원은 면허기간 연장을 취소하라고 판결해버렸다.

감사원 감사에 의하면 산업통상자원부(산자부)는 2018년 4월 4일 '즉시 가동 중단' 방침을 이미 청와대에 보고한 것으로 밝혀졌다. 현 정부가 월성1호기에 대해 '즉시 가동 중단'이라는 방침을 사전에 미리 정해 놓았던 것이다. 이뿐만 아니라 이를 실현하기 위한 구체적인 '액션 플랜'까지 만들어 청와대에 보고했던 것이 드러났다.

　산자부 원전산업정책과장은 2018년 5월 2일 '에너지전환 후속조치 추진현황' 보고서를 작성했다. 이 보고서에는 ①월성1호기 가동에 따른 경제성 저하 요인을 평가 기관에 적극 설명 ②산자부 원전산업국장이 한수원 사장과 월성1호기의 이용률을 낮출 것을 적극 협의할 것 ③월성1호기의 '즉시 가동 중단' 관련된 추가 비용은 경제성 평가에서 제외시키는 등의 내용이 담겼다. 월성1호기를 계속 가동할 경우의 경제성은 낮추고, 즉시 가동을 중단할 필요성은 높이겠다는 실행 계획을 담아 청와대에 보고했다.((조선일보), 2020.11.14 〈'월성원전, 경제성 낮게 하겠다' 산업부 靑에 보고〉)

　월성1호기의 조기 폐쇄는 문재인 대통령의 한마디가 발단이 됐다. 물론 그것도 탈원전 정책이란 방침에 의한 것이었기는 하다. 2018년 4월 2일 월성1호기를 돌아본 문미옥 청와대 과학기술보좌관은 청와대 내부 보고망에 "월성1호기의 외벽에 철근이 노출돼 있다."는 보고를 올렸다. 문 대통령이 이를 보고, 참모들에게 "월성1호기 영구 가동 중단은 언제 결정하느냐?"라고 물었고, 대통령의 질문은 산업정책비서관실을 통해 당시 백운규 산자부 장관에게 전달됐다.

바로 다음 날인 4월 3일, 산자부 원전산업정책과장은 "월성1호기는 조기 폐쇄하되, 원안위의 원전 영구 정지 허가가 나올 때까지 2년 6개월 더 가동할 필요가 있다."라고 백운규 전 장관에게 보고했다. 그러자 백 전 장관은 "너 죽을래"라며 크게 화를 내고, "즉시 가동 중단으로 보고서를 다시 쓰라"라고 지시한 것으로 알려졌다. 하루 뒤 산자부 원전과장은 '월성1호기 즉시 가동 중단'으로 보고서를 고쳐 올렸고, 청와대 보고까지 이뤄진 것이다. 문재인 대통령이 월성1호기와 관련된 질문을 한 지 이틀 만에 산자부의 방침이 '즉시 가동 중단'으로 확정된 것이다.

그에 앞서 2018년 3월 한수원 측은 자체 TF Team의 분석으로 월성1호기의 경제성을 평가했다. 이용률은 2017년의 7차 전력수급 기본계획에서 적용된 85%, 전력 판매단가는 2017년에 적용된 가격 60.82원으로 하는 조건하에서 경제성을 분석하였다. 이 결과, 월성 원전 1호기를 2018년 7월부터 2022년 11월까지 가동하는 것이 즉시 가동을 중단하는 것보다 3,707억 원 더 이익이라는 결론을 내렸다. 이를 토대로 2018년 3월 〈월성1호기 계속 가동 타당성 검토를 위한 경제성 검토〉 보고서가 작성되었다.

그러나 정재훈 사장이 2018년 4월 한수원 신임사장으로 부임하고 난 후, 월성1호기의 경제성은 급격히 쪼그라들었다. 월성1호기를 즉시 가동 중단시키기 위해서는 경제성을 문제 삼아야 했고, 4월 10일 한수원은 삼덕회계법인에 경제성 평가를 의뢰했다. 한수원이 경제성 평가를 의뢰한 이 날은 청와대에 '즉시 가동 중단'을 보고하고 7일 후였다. 즉시 가동을 중단하기로 먼저 결정을 하고, 결론에 맞게 자료를 짜 맞추는 식으로 경제성 평가가 진행된 것이다.

삼덕회계법인은 처음 원전 이용률 85%를 적용하고 전력 판매단가는 2017년의 자료인 kWh당 60.82원을 적용하였다. 그러나 2018년 5월 4일 산자부·한수원과 회의 후 이용률을 70%로 낮추고 판매단가는 kWh당 60.76원을 적용했다. 그런데 그 기준하에서의 경제성 평가도 계속 가동하는 것이 즉시 폐쇄하는 것보다 1,778억 원이나 더 이익이라는 결과가 나왔다. 그러자 삼덕회계법인은 2018년 5월 11일 산자부·한수원과의 회의 후 이용률을 70%에서 60%로 다시 낮췄고, 전력 판매단가는 kWh당 55.96원에서 시작해 2022년 48.78원까지 하락하는 것으로 가정했다. 그 결과 사흘 후인 5월 14일의 최종 보고서에서 계속 가동할 경우의 이득은 224억 원으로 평가되었다. 1억3000만 원짜리 삼덕회계법인의 경제성 평가 보고서가 3일 만에 뒤집힌 것이다.

원전의 경우 2001년부터 2017년까지 가동률이 평균 79.5%이다. 그러나 월성1호기는 새롭게 정비된 직후로 2015년에는 이용률이

95.8%를 기록했다. 2015년부터 2017년까지 3년간 원전의 전력 판매단가는 kWh당 평균 63.80원이다. 그것을 감안한다면 월성1호기의 경제성을 평가하기 위해 적용된 이용률과 전력 판매단가는 누가 보아도 납득할 수 없을 만큼 비정상적으로 낮게 설정된 것이었다. 이렇게 이용률과 판매단가를 불합리하게 낮추고도, 월성1호기를 계속 가동하는 것이 폐쇄하는 것보다 이득이라는 결론이 나왔다.(《조선일보》, 2020.01.20., 〈3707→1778→224억, 월성1호기 경제성 축소 논란〉)

그러나 한수원은 2018년 6월 15일 긴급 이사회를 열어 계속해서 월성1호기는 경제성이 없다며 폐쇄하기로 결정하였다. 한수원은 참석한 이사들에게 "정부가 월성1호기 조기 폐쇄 정책을 수립하고, 공문(公文)으로 이의 이행을 요청했다."라며 경제성 분석 보고서도 보여주지 않고 표결을 강행했다.

이처럼 두 차례나 경제성을 낮춰 잡으면서 무리하게 경제성이 없는 것으로 조작한 것은 산자부가 2018년 5월 2일 청와대에 보고한 〈에너지전환 후속조치 추진계획〉이 배경이었다. 여기에는 '월성1호기의 가동이 경제성이 없다는 평가 결과가 나오게 하기 위해 한수원과 삼덕회계법인을 압박하겠다.'는 내용이 담겨 있었다. 이후 산자부는 월성1호기의 가동을 즉시 중단시키는 작업을 벌였다. 이 과정에서 산자부 공무원들은 '장관의 지시'라든가 "청와대에 보고했다."라는 등의 말로 한수원을 압박했다.

언론 보도를 보면, 검찰 판단으로는, 산업부 등이 요구하는 바에 따라 즉시 가동을 중단하는 데에 부합하는 결과를 얻기 위해 이용률을 70%에서 60%로, 전력 판매단가를 kWh당 60.76원에서 51.52원으로 조정했다는 것이다. 《《문화일보》, 2021년 8월 27일, 〈'회계사·한수원 직원 카톡서 원전 경제성 왜곡 시인〉》 kWh당 60.76원 하는 판매단가를 뜬금없이 51.52원에 팔면 경제성이 없다고 하는 것은 누가 봐도 이해할 수 없는 것이다. 그 가격에 판매할 이유가 없으므로 아예 고려할 필요조차 없다. 가만히 시장의 원리에 맡겨 두면 수익성 없는 가격은 형성되지 않는다. 그런데 굳이 51.52원에 판매하면 경제성 없다니 누가 봐도 납득하기 어렵다. 회계사의 말에 따르면 이용률과 판매단가를 변경해 보고서를 작성하여 조기폐쇄를 뒷받침하는 데 사용하도록 하기 위함이었다고 한다.

정부의 태도를 보면 모순된 것이 극명하게 드러난다. 발전단가로 원전과 태양광발전의 경제성을 비교하고자 할 때는 상대적으로 원전의 판매단가가 높기 때문에 태양광발전보다 불리한 것처럼 설명하려 한다. 반면, 월성1호기의 경우처럼 자체의 경제성을 판단할 때는 원전의 판매단가가 낮기 때문에 가동하는 것이 불리한 듯 설명하는 이율배반적 태도를 보인다.

높이는 것이 원전에 불리하면 높이고, 낮추는 것이 원전에 불리하면 낮추려고 한다. 일관성도 근거도 없이 오직 미리 정해놓은 목적, 즉 원전이 부적절하다는 주장에 부합하는 결과를 내기 위해 무리한 근거를 짜맞추다 보니 나타나는 현상이다.

　월성1호기는 1차 면허기간이 1983년부터 2012년까지 30년이였
으나 7천억 원의 돈을 들여 정비하고 202년까지 가동하기로 한 것
이다. 여기서 오해의 소지가 있는 것이 '설계수명'이란 용어다. 수명
이 다한 것을 재생시켜 사용하는 것처럼 오해할 수도 있는데, 사실
'설계수명'이란 용어는 없다. 누군가 사용한 것이 그대로 용어인 것
처럼 쓰이고 있는 것이다. 자동차를 구입하여 운행하면 검사시점
이 도래한다. 검사 전의 운행기간을 설계수명이라고 생각하면 잘못
이다. 첫 검사기일이 도래했다고 자동차를 폐차해버리는 사람은 없
다. 지정된 기일에 검사를 받고 다시 다음 검사기간까지 운행하면
되는 것이다. 자동차와 마찬가지로 원전도 그렇다. 어느 나라에서
나 거의 대부분의 원전을 그와 같이 2차 면허기간을 두어 계속 가
동한다.

원전, 80년간 세상을 밝힌다

미국 원자력규제위원회(NRC)는 버지니아주에 있는 서리(Surry) 원전 1·2호기의 20년 추가 가동기간 연장을 승인하기로 했다. NRC의 이번 결정으로 가동기간이 80년까지 연장된 원전은 플로리다주 터키 포인트 3·4호기, 펜실베이니아주 피치 보텀 2·3호기 등 모두 6기로 늘었다. 서리 1·2호기는 각각 1972년 12월과 1973년 5월 상업 운전을 시작했다. 국내에서 이미 영구 정지된 고리1호기(1978년)와 월성1호기(1983년)보다도 오래됐다. NRC는 또 포인트 비치 1·2호기와 노스 애나 1·2호기 등 4기에 대해서도 80년까지 가동기간 연장을 검토 중이다. 《〈조선일보〉, 2021.5.22. 〈美, 원전 2기 수명 80년까지 연장… 탄소 중립 위해 재정 지원〉》

캐나다는 2033년까지 10기의 원자로(달링턴 1~4호기, 브루스 3~8호기)의 설비를 개선할 방침이다. 수명이 다한 원전을 수명을 늘려 원전 신규 건설비용을 줄이고 경제적이고 안정적인 전력공급을 위한 것이다. 설비 개선을 마친 달링턴 원전 2호기의 가동 기간은 30년 늘어나게 됐다. 캐나다 최대 원자력발전업체인 온타리오전력공사(OPG) 측은

"설비 개선을 마친 원전은 사실상 새것과 다름없지만 비용은 신규 건설의 절반 수준이라 장점이 크다."라고 했다.(〈원전 3년 보수해 30년 더 쓰는 캐나다…설비 개선 마친 월성1호기는 폐쇄 결정〉, 《조선비즈(chosun.com)》)

그러나 정작 우리는 경제성을 문제로 월성1호기를 폐기하고 말았다. 국회는 감사원에 감사를 청구하였고, 감사원은 2020년 10월 20일 감사결과를 검찰에 넘겼다. 산업부 공무원 3명은 월성1호기 관련 444개의 자료를 삭제한 혐의가 드러나 재판중에 있다. 그 외에도 관련자들이 직권남용 업무방해 및 배임의 혐의로 역시 재판중이다. 2021년 10월 21일 종합국감에서 한수원 사장은 신한울 3·4호기의 건설이 재개되어 숨통을 틔웠으면 좋겠다고 자세를 낮추는 발언을 했다.(《일요서울》, 2021.10.22. 〈국정감사에서 뱉어진 탈원전 농단의 말꼬리 잡기〉)

월성1호기의 조기폐쇄는 문재인 대통령이 2018년 4월 2일 청와대 내부 통신망에 '월성1호기 영구 가동 중단은 언제 결정할 계획인가요?'라고 묻는 글을 올린 데서 시작됐다는 사실이 검찰의 공소장에서 확인되었다. 이후 산업부는 이틀 만에 '2년 반 가동'에서 '조기 폐쇄'로 결정이 변경되었다. 한수원이 국회에 보고한 월성1호기 조기폐쇄 손실액은 5652억 원이다. 그 피해는 고스란히 국민에게 전가된다. (《조선일보》, 2021년 8월 21일. 〈[사설] 文 전자문서에 글로 지시, '월성1호 5600억 손실 배상 책임' 명백한 증거〉)

탈원전은 대통령이 《판도라》 영화를 보고 눈물을 흘리면서 시작하였다. 이제 영화는 영화일 뿐이라고 생각하고 에너지 전문가들과 국민 여론의 뜻을 반영하여 탈원전에서 물러날 때가 되었다. 그동안 많은 기업들이 실로 참담한 시간을 보냈다. 한전도 적자에 허덕이고 에너지 안보도 국민경제도 모두 악영향을 받는다. 백 년 가는 국가에너지의 기본 정책을 5년 임기의 대통령이 지나치게 독단으로 방향을 바꾸는 것은 주권자인 국민의 뜻이 아니다. 대통령이 국민의 뜻을 저버려선 안 된다.

6장

에너지 안보

원전이 없어도 된다는 착각

　2021년 2월 미국 텍사스주를 덮친 기록적인 한파는 급기야 대규모의 정전을 발생시키고, 삼성전자와 HP 등 글로벌 기업들의 생산 라인을 멈춰 서게 만들었다. 텍사스주는 천연가스(52%)와 풍력(23%)의 비중이 큰데, 한파가 가스관과 터빈을 얼려서 정지시켜 버리자 발전량이 크게 감소하게 된 것이다. 기상 상태에 따라 간헐성이 두드러지게 나타나는 태양광이나 풍력발전, 얼어붙으면 꼼짝 못하는 가스관의 비중이 높을수록 이런 사태는 언제든 발생할 수 있다. 이 사건으로 삼성전자는 수백억 원의 손실을 입었다.

　미국의 캘리포니아는 2045년까지 태양광이나 풍력같이, 대기오염을 발생시키지 않는 친환경 재생에너지로 발전량의 100%를 채운다는 계획이다.(《신동아》 2020.010월호, 〈캘리포니아, '친환경 에너지' 추진하다 하루 2시간씩 정전〉) 2020년 8월 예상치 못한 폭염이 이어지면서 전력수요가 급증하고 지역에 따라 하루 1~2시간씩 전력공급이 중단되었다. 재생에너지에 역점을 두는 정책으로, 화석연료 발전은 크게 줄었고 2025년

이면 하나 남은 원자력발전소도 문을 닫게 된다. 이 여파로 폭염에 따른 전력수요 급증을 감당하지 못하자 정전에 이르게 된 것이다.

문재인 대통령은 러시아의 가스를 북한을 경유하는 파이프라인으로 도입하고, 중국의 전기를 해저 케이블로 도입하자고 한다. 위험천만한 발상이 아닌가? 북한이 유사시에 파이프라인을 차단하면 꼼짝 못 하고 백기 투항해야 하는 상황이 벌어진다. 무슨 요구든 들어주어야 할 것이다. 북한을 경유하는 비용을 요구할 것도 당연하다. 러시아는 또 어떤가? 얼마든지 자원을 무기화한다.

최근 해외시장에서의 가스 가격 급등도 시베리아에 있는 가스 가공공장의 화재를 핑계 대지만 러시아가 서유럽 길들이기용으로 가스 공급을 줄인 것으로 보는 시각도 있다. 러시아는 과거에도 가스를 무기화한 적이 많았다. 우리의 원전을 폐기하고 그런 방법으로 에너지를 조달하자는 생각은 국가안보를 절체절명의 위기로 내몰게 될 것이다. 국제사회에서 국가 간 갈등이 있을 때마다 상대를 굴복시키는 수단으로 자원을 무기화는 하는 것을 잊어서는 안 된다. 러시아의 자원 무기화는 우크라이나와 유럽의 사례가 대표적이다.

LNG 발전이 과다하면
에너지 안보가 어려워진다

　원전을 '태양광 15% + LNG발전 85%'의 조합인 복합발전으로 대체하면 LNG 사용량이 크게 증가하므로 첫째, LNG의 안정적 확보가 전제되어야 하고 둘째, 비축량도 큰 폭으로 증가해야 하니 저장시설을 크게 늘려야 하는 문제가 생기며 장소와 재정도 문제다.

　현재 LNG는 선박으로 들여오고 있고 천연가스 의무 저장량은 유럽 국가에 비해 현저하게 낮다. 우리나라의 천연가스 전략적 비축 의무량은 내수판매량 기준 하루 평균 판매량의 7일 정도 여유분을 유지하면서 수입한다. 《아시아경제》 2021.8.24., 〈천연가스 의무비축량 늘린다…"이상한파·LNG발전 증가 대비 차원"〉)

　그러나 러시아나 북한의 에너지 무기화에 과연 대응책은 있는가? EU라는 큰 조직도 우크라이나 문제에 직면했을 때 러시아가 가스 공급을 중단할 것이 두려워 마땅히 대응하지 못하고 사실상 굴복하고 말았다. 안보에 치명적인 위기가 언제든 발생할 수 있다. 중국도 자원을 쉽사리 무기화하는 나라다. 또 지금 중국은 전력 부족으로 순환정전을 시행하고 있다. 그런 경우 우리도 따라서 순환정전을 해야 할 것 같은데 그러자는 것인가? 현재와 같이 LNG를 선박으로 들여오는 것은, 남중국해부터 동중국해에 이르는 넓은 지역에서 유사시 해로가 막히면 바로 에너지 위기에 직면하게 된다.

저장시설도 문제다. 지금보다 소비량이 몇 배 늘어날 것이고, 비축기간도 일주일 정도로는 에너지 안보에 대해 안심할 수 없다. 비축량과 비축기간이 다 늘면 비축설비는 제곱비례로 늘어나야 하는데 설비를 위한 부지는 어떻게 마련하며 그 막대한 비용은 또 어찌 감당할 것인가? 탈원전이 거론될 때마다 천문학적인 비용이 요구되는데 이를 쉽사리 국민세금으로 하면 된다고 보는 것 같다. 국민의 돈은 언제나 마음대로 쓰면 되는 줄 아는 것인가?

벨라루스도 에너지 무기로
유럽을 겁준다

2021년 5월 23일 그리스에서 리투아니아로 향하던 아일랜드 여객기가 벨라루스 공군기에 의해 수도 민스크 공항에 강제로 비상 착륙 했다. 비행기에 폭발물이 있다는 구실로 강제 착륙시켰지만 폭발물은 나오지 않았다. 그리고 그곳에 타고 있던 벨라루스의 반체제 인사 라만 프로타세비치가 체포됐다. 벨라루스를 27년간 통치해온 알렉산드르 루카셴코 대통령은 유럽의 마지막 독재자로 불린다. 지난해 8월 대통령 선거에서 부정선거 의혹이 불거지고 대규모 시위가 일어났다. 언론인인 라만 프로타세비치는 반정부 선동을 주도한 혐의를 받고 있었다.

EU는 민간 항공기에 대해 공군기로 사실상 테러를 가한 것을 두고 벨라루스에 대해 제제를 가했다. 사건 발생 다음날인 24일에 EU(유럽연합)은 유럽의 7개 국가들이 자국 항공사들에 벨라루스 영공을 통과하지 말 것을 지시했고, EU 이사회는 벨라루스 여객기의 EU 회원국의 영공 비행과 자국 내 공항으로의 접근을 금지하는 등 제재를 강화했다. 미국도 경제제제를 가했다.

벨라루스는 옛 소련으로부터 독립했지만 친러시아 성향이 높다. 루카센코 대통령은 제제에 대한 복수로 난민을 이용했다는 의심을 사고 있다.

벨라루스는 중동으로부터 난민을 받아들여 폴란드 국경을 통해 유럽으로 보내려 했다. 이에 폴란드가 국경을 봉쇄하면서 난민 문제가 대두되었다. EU는 벨라루스가 난민을 도구화하고 있다고 비난하고 폴란드는 러시아가 배후에 있다고 공격했다. 이어서 추가 경제제제와 국경 폐쇄 등을 경고하기도 했다.

벨라루스는 접경지역에 군대를 증강한 상태다. 벨라루스-폴란드 접경지역의 난민 수는 약 2천 내지 5천 명에 이른다. 날씨가 추워지는데 방한 대비가 제대로 갖추어있지 않다. 식수나 식량 문제도 있어 난민의 생활상태가 점점 더 고통스러워지고 있다. 벨라루스는 폴란드가 국경을 봉쇄하면 유럽으로 가는 가스관을 잠궈 버린다고 으름장을 놓기도 했다.

최근 들어 러시아는 벨라루스와 우크라이나의 접경지역에 군대를 집결시켰다. 우크라이나의 동부 분쟁지역에도 9만의 병력을 주둔시켰다. 이에 대해 미국은 독일에서 철수한 미사일을 재배치하고 나토에 비상령을 내렸다. 현재는 2004년 오렌지 혁명 때보다 더 긴장이 고조되고 있다. 냉전시대 이후 가장 긴박한 상황이다. 이 분쟁은 양대 진영 간 양보할 수 없는 뿌리 깊은 정치적 갈등이 원인이라 자칫 불행한 사태로 얼마든지 이어질 수 있다.

현재 이처럼 전 세계적으로 일고 있는 에너지 문제를 유심히 관찰해야 한다. 경각심을 늦추지 않고 만약의 경우의 에너지 위기에 대한 대처방안도 항상 염두에 두어야 한다. 산유국들의 감산 등과 같은 경제적인 이유도 있지만 러시아나 중국과의 마찰에서 일어나는 정치적인 문제가 오히려 더 폭넓고 심각하다. 이런 정세는 역사를 통해 보면 대혼란이나 전쟁과 같은 파국을 수반하는 경우도 많다. 이런 관점에서 보면 우리의 탈원전 정책은 지극히 위험한 곡예행진을 하는 것이라 하겠다.

드네프르강의
눈물

7장

드네프르강의 눈물

우크라이나는 오랜 염원이던 독립을 이루지 못하고 있다가 2차 세계대전 후 구소련의 영토가 되었다. 구소련이 붕괴되면서 독립하지만, 미처 국가 운영 능력을 충분히 갖추지 못하고 사회체제가 정비되지 않은 채 얻은 독립은, 스스로의 힘을 길러 러시아의 침략적 행태에서 벗어나 완전히 유럽의 일원이 되는 것을 힘들게 하는 요인이기도 했다. 지정학적 조건과 강대국에 시달려온 역사는 어쩌면 우리나라와 닮은 것 같다. 우리나라가 원전을 폐기하고 우크라이나처럼 러시아의 가스를 파이프라인을 통해 들여온다면 어떤 일이 일어날 수 있을까? 우크라이나의 역사와 현재 안고 있는 문제를 통해 그것을 떠올려볼 수 있을 것 같다.

독립과 자유를 갈망해 온 역사

우크라이나는 서유럽과 러시아를 연결하는 허리 부분에 자리 잡
아, 지정학적으로 중요한 위치에 있다. 우크라이나가 역사의 무대에
등장한 것은, 882년 올레그 공(公)의 지휘하에 '키예프 루시(公國)'라는
동슬라브족 최초의 통일봉건국가가 수립되면서였다. 한때 번영을
누렸지만 1240년 몽골 침입 이후 210년간 식민 통치를 받았고, 이
후에도 주변국의 거듭된 침략에 오랜 세월 독립국가 형태를 유지하
지 못했다.

15세기 무렵 코사크족은 폴란드 지주들의 박해를 벗어나려고 남부의 대평원 드네프르강 유역으로 이동했다. 이곳은 '검은 흙'이란 뜻의 '초르노젬'이란 비옥한 토지가 펼쳐진 아름답고 광활한 초원지대다. 잦은 외세의 침략과 노략질로 이곳은 정착민이 없는 공백지로 남아있었다.

코사크인들은 이곳에 정착하여 크림타타르족과 싸우며 성장해나갔다. 러시아에서 발원하여 북부의 벨라루스를 거쳐 들어와 수도 키예프를 지나고 크림반도에 이르러 흑해로 흘러드는 드네프르 강과, 서부와 북부를 제외한 넓은 국토에 펼쳐진 비옥한 흑토가 장관을 이루는 이 지역은 유럽의 곡창지대다. 이런 환경으로 인해 지금도 우크라이나는 가난하지만 세계적인 농산물 수출국가이다.

1649년 코사크족은 키예프를 정복하고 코사크 왕국을 건설했다.

하지만 폴란드의 침공을 받게 되고, 지도자 보그단 흐멜니츠키는 강성한 폴란드에 독자적으로 대항할 수 없다고 판단하자 1654년 페레야슬라프 조약으로 러시아와 통합했다. 말이 통합이지 러시아에 사실상 편입되는 것이었다.

우크라이나의 영주들은 러시아 2대 차르(황제)인 알렉세이 미하일로비치에게 복종을 선언했다. 우크라이나는 그토록 독립과 자유를 갈망했지만 오히려 페레야슬라프 조약으로 인해 오랜 기간 러시아에게 발목을 잡히게 되었다. 러시아는 폴란드–리투아니아 연합군과 전쟁을 벌이고 우크라이나를 분할했다. 드네프르강 동쪽은 러시아가, 서쪽은 폴란드가 통치한다는 것이었다. 하지만 이후 드네프르강 서쪽도 점점 러시아가 차지하게 되었다.

러시아는 코사크족의 간부들에게 귀족 특권을 부여해 회유했지

만, 대다수 우크라이나인들은 농노제를 적용받는 소작농으로 전락했다. 18세기 표트르 대제가 페테르부르크 도시건설을 강행할 때 수많은 우크라이나인들이 발에 족쇄를 찬 채 강제노역에 동원되어 고통스럽게 현장에서 죽어갔다. 1853년 크리미아 전쟁에서도 우크라이나 병사들은 총알받이로 많은 피를 흘렸다. 러시아로부터 독립을 염원하던 코사크의 병사들이 러시아 제국을 위해 싸웠다는 것은 역사의 슬픈 아니러니다. (김병호, 《우크라이나, 드네프르강의 슬픈 운명》, 매일경제신문사, 2015. 88쪽)

말라버린 눈물, '홀로도모르'

우크라이나인이라면 '홀로도모르'란 단어에 흘릴 눈물조차 말라버리지 않았을까! 이 단어는 '대기근에 의한 학살'을 의미한다. 스탈린은 우크라이나의 '쿨락(Kulak)'이라 불리는 부농 계층을 해체하고 농산물을 수출해 유럽의 첨단 기계 설비를 들여와 공업을 일으킬 기반을 마련하고자 하였다. 이를 위해 농업집단화 정책을 폈다.

그러나 농촌 지역에서 우크라이나 지주들의 심한 반발을 불러일으켰다. 스탈린은 쿨락을 '해충', '쓰레기' 등으로 불렀다. 그들은 대다수 빈농을 혁명 대오로 이끌어내기 위해 쿨락의 재산을 빼앗아 공동 배분하여 사회주의 혁명의 이상을 실현할 필요도 있었다. (김병호, 《우크라이나, 드네프르강의 슬픈 운명》, 매일경제신문사, 2015. 43쪽)

우크라이나는 비옥한 토지에서 많은 양의 농산물을 수확하므로 사유재산 개념이 다른 지역보다 강했다. 당연히 이들이 강하게 반발하지만 스탈린은 흔들리지 않았다. 농산물의 생산이 기대에 못 미치자 정부는 그 책임을 부농인 쿨락에게 전가시키고, 이들이 생산한 곡물을 내놓지 않고 있다며 부농들의 농장을 습격, 식용 또는 종자용을 포함해서 보관된 모든 곡물들을 모조리 가져갔다. 농민들은 집단농장에 농사일에 필요한 소들을 내놓느니 차라리 도살했다. 일할 소들의 부족으로 농사지을 수 있는 면적은 급격히 줄어들었다.

그 결과는 참담하여 몇 달이 지나서 비옥한 토지로 유명한 우크라이나의 농촌은 대기근을 맞이하게 되었다. 우크라이나인들이 굶지 않고서는 송출량을 도저히 채울 수 없는 지경에 이르렀다. 1932년 상반기 목표는 어렵게 달성되었으나 10월 추가 징수를 결정하고 다음해에는 두 배로 송출량을 올렸다.

무자비한 곡물 징발에 우크라이나 전역에서 아사자가 속출해도 식료품을 공급하지 않았다. 우크라이나에서 1932에서 1933년 사이 굶어 죽거나 합병증으로 숨진 사람은 최대 1,000만에 이른다.

우크라이나의 농민들이 굶어 죽는 동안에도 소련의 농산물 수출은 증가했다. 절대다수의 증언에 따르면 기차를 통해 기아를 탈출하려던 수많은 어린이들이 당국에 의해 체포되어 고아원에 보내지거나 농촌으로 되돌려져 곧 영양실조로 사망했다. 대기근에 대한 정보가 새나가는 것을 막기 위해 돈강 유역, 우크라이나, 북카프카스, 쿠반 등지에서 출입이 금지됐다. 스탈린은 농장 집단화를 반대했거나 1920년대의 우크라이나 민족주의 정책을 지지했던 우크라이나 관리들을 숙청하여 우크라이나에 대한 중앙정부의 통제 수위를 높였다. 한편 외화벌이용 곡물 수탈은 계속되어 농민들의 반발이 잇따랐으나 당국은 마을을 통째로 강제 이주시키는 등 반발에 강력히 대처했다. 그리고 이것은 1941년 독소전쟁 초기 우크라이나인들이 나치 독일군을 해방자로 맞아들이게 되는 이유가 되었다.

(위키 백과, 홀로도모르)

　스탈린이 우크라이나나인들이 굶어 죽도록 방치한 이유는 소련 공산당에 맞서려는 우크라이나나인들의 씨를 말리려는 의도가 숨어있었다. 하지만 우크라이나인에게는 키예프 루시의 후예라는 자부심이 있고 경제적으로 윤택한 우크라이나의 민족주의가 강화되면 언제든 소련의 테두리에서 벗어날 수 있는 우려가 있었다. 홀로도모르가 제노사이드(집단대학살)인지에 대해서는 전문가들의 의견이 엇갈리기도 한다. "무지에서든 이념에서든 스탈린은 수백만 명의 사망자를 낸 집단화 정책의 창시자이자 수행자였다. 그것은 나나 다른 사람에 의해 논쟁된 적이 없다. 그러나 분명한 것은 나쁜 정책은 고의적인 민족 제노사이드가 아니다."라고 Arch Getty는 말했다.(Arch

Getty : 1979 보스톤 칼리지 박사, 스탈린 시대 소련 공산당 전문가, UCKA, UC리버사이드에서 강의)

　우크라이나, 오스트레일리아, 헝가리, 리투아니아, 미국, 바티칸 시국의 정부, 국회는 이 사건을 공식적으로 제노사이드(집단대학살,

genocide)로 인정한 바 있다. 우크라이나 정부는 매년 11월 네 번째 주 토요일은 대기근 희생자들을 위한 추모 기념일로 지정했다. (위키백과, 홀로도모르)

'홀로도모르' 외에도 우크라이나인들의 아픈 역사는 계속되었다. 1941년 독소전쟁 당시 우크라이나인들은 히틀러의 독일이 자신들을 소련으로부터 해방시켜 줄 것으로 기대하고 암암리에 독일을 도왔다. 그러나 독일은 애당초 우크라이나의 독립에는 관심이 없었다. 오히려 유대인의 핏줄을 가진 우크라이나인들이 '홀로코스트'라는 이름으로 학살을 당했다.

1941년 9월 29일~30일, 나치는 키예프에 사는 유대인들을 거짓말로 유인해 북부의 '바비 야르(Babi Yar)' 계곡에 몰아넣은 뒤, 36시간 동안 기관총을 난사해 무려 34,000명을 학살했다. 우크라이나 최대 규모의 유대인 집단 살해 사건으로 기록된 이 사건은 '바비 야르(Babi Yar) 학살 사건'으로 불린다. 우크라이나인의 슬픈 역사에 가슴이 저며 오는 듯하다.

독립과 분쟁

1954년, 당시 소련의 권력자 흐루쇼프는 크림반도의 관할권을 우크라이나로 넘겼다. 그 당시는 같은 소련의 영토이므로 행정권의 문제에 지나지 않았지만, 그 후 소련이 붕괴되는 과정에서 러시아와 우크라이나 간 영토분쟁의 씨앗이 되고 지금까지도 그 갈등은 이어져오고 있다.

우크라이나가 독립하던 당시 러시아의 옐친 대통령은 야당의 맹렬한 반대와 크림 내부의 독립 열망에도 불구하고 크림반도를 러시아로 반환시키는 것을 거부했다. 이유는 핵무기 양도를 위해 우크라이나를 달래야 하는 입장에 있었고, 러시아가 서방의 지원을 필요로 하는 절실한 상황에서 분란의 소지를 가능한 한 줄여야 했기 때문이다.

또 러시아가 크림의 독립을 지지할 경우 체첸이나 타타르스탄 등 일부 공화국들의 독립 열기를 자극할 우려도 있었다. 이에 따라

1993년 7월, 러시아 최고 의회가 흑해함대 주둔지인 세바스토폴에 대한 러시아의 소유권을 주장하는 결의를 채택하자 옐친은 즉각 거부권을 행사했다.

크림공화국은 1992년 5월 독립선언을 하지만 한 달여 만에 우크라이나 정부와 권력 분배에 관한 협정을 체결했다. 소련의 해체로 인한 혼란기에 러시아가 크림공화국에 실질적 지원을 하기 어려워지자 우크라이나 정부로부터 자치권을 최대한 확보하는 쪽을 택한 것이다. 같은 해 6월의 얄타공동성명에서 크림공화국은 독립을 포기한다고 선언하고 우크라이나는 그 대가로 CIS각국을 포함해 외국과 독자적인 교류를 할 수 있도록 허용했다.

1991년 우크라이나가 독립하고 러시아도 옐친 대통령이 독립을 선언했다. 우크라이나에는 소련 시절 배치된 ICBM에 탑재된 1840여 기의 핵탄두와 사정거리 1만 마일의 SS-19 핵미사일, 개별탄두를 가진 SS-24 핵미사일 등이 있었으므로 세계 3위의 핵 강국이었다.

미국과 서유럽국가들은 핵확산을 우려하여 경제지원과 안전보장을 약속하며 핵무기를 러시아에 넘길 것을 종용했다. 그리하여 1996년, 핵은 러시아로 넘어갔다.(김병호, 《우크라이나, 드네프르강의 슬픈 운명》, 매일경제신문사, 2015. 57쪽) 그런데 힘에 의한 정의만이 통하는 국제사회에서 서방세

계가 우크라이나에 했던 약속을 담은 '부다페스트 각서'는 유효한
것이었을까?

  우크라이나 내에는 우크라이나어보다는 러시아어를 더 편하게
사용하고 친러시아 성향을 보이는 사람들이 크림반도나 돈바스 같
은 동부지역에 많이 있다. 유럽 사회의 일원이 되고자 하는 다수의
국민과, 이를 결코 허용하려 하지 않는 러시아가 배후에서 지원하
는 친러시아계 주민들로 나뉘어 분쟁이 끊임없이 이어지고 있다. 러
시아가 자국의 안보이익을 위하여 우크라이나 내의 분열과 갈등을
일으키고 이를 이용하고 있는 것이다.

  2004년의 우크라이나 대선은 미국과 러시아도 깊이 관여했다.
미국은 친서방 정권을 탄생시키기 위해 유센코를 지지하고, 러시아

는 친서방 정권을 막기 위해 야누코비치를 내세워 선거자금을 지원했으며, 밀려있던 가스 대금을 탕감해주거나 러시아로 수출하는 철강 쿼터를 확대해 주는 등 필사적으로 개입했다.

중간에 부정선거 시비가 일어나고 재선거 결과 미국이 지지하는 유셴코가 당선되어 친서방 정권이 탄생했다. 지난 세기의 냉전체제 이후 미국과 러시아가 가장 치열하게 냉전의 시대를 재현한 것이 2004년의 우크라이나 대선이다. 이를 두고 '오렌지 혁명'이라 부른다.

러시아의 에너지 무기화

1996년 CIS국가들에 대한 영향력이 약화되자 이를 회복하기 위해 러시아는 각국에 강도 높은 경제적 압박을 가했다. 우크라이나에게는 가스와 석유 수입 대금을 조속히 변제하지 않으면 가스 공급을 중단하겠다고 위협했다. 에너지 공급을 활용한 러시아의 압박이 이때 처음 등장했다.

2006년 1월 1일, 러시아는 또다시 우크라이나에 압력을 넣고자 에너지를 활용했다. 1,000㎥당 50달러에 공급하던 가스가격을 230달러로 인상했다. 한 번에 4배 이상으로 인상하는 것은 수용할 수 없다는 우크라이나와 러시아 사이의 두 번째 가스파동이다. 러시아는 이것이 국제 시세라고 주장했고 우크라이나는 자국 영토를 가스관이 통과하니 특혜 가격을 적용해야 한다고 주장했다.

1월 4일 가스 공급은 정상화되었지만 자원을 앞세운 러시아의 힘을 실감할 수 있는 사건이었다. 이런 사건이 일어나면 가스를 제때 공급받지 못하는 유럽도 큰 혼란을 겪게 된다. 현재 유럽연합의 27 개국은 천연가스 소비량의 43%를 러시아에 의존하고 있다. 《조세일보》 2021.10.6. 〈"천연가스 가격 폭등 러시아 탓?" EU집행위 조사 돌입〉

가스 가격 파동의 배경에는 러시아가 자원을 무기화하여 우크라 이나로 하여금 자신의 영향권을 벗어나 유럽의 그리고 나토의 일원 이 되는 것을 방해하려는 의도가 깔려있었다. 정치와 경제 논리가 혼합된 에너지 안보의 문제다. 푸틴의 집요한 압력수단은 효과를 보고 2006년 3월 총선에서 야누코비치가 승리하여 총리가 되었다. 친러시아 내각이 재탄생한 것이다.

이 사건을 통해 우리는, 에너지를 특정 국가에 지나치게 의존하 는 경우 생기는 안보상의 위험을 잘 이해할 수 있다. 문재인 대통령 이 러시아의 가스를 북한을 경유하는 가스관으로 수입하자는 생각 은 신중을 기해야 한다. 언제든 러시아가 자원 무기화라는 발톱을 드러낼 수 있기 때문이다.

2009년에도 가스 파동이 일어났다. 우크라이나는 여전히 EU와 NATO에 가입하려는 노력을 하고, 러시아는 방해 압력을 넣기 위 해 우크라이나에 공급하는 가스 가격을 39% 인상했다. 하지만 우 크라이나가 개의치 않자 러시아는 가스 공급을 중단해 버렸다. 영 하 20도의 추위에 겨울을 나게 된 우크라이나는 유럽으로 공급되는 가스를 몰래 사용하다가 들키고 러시아는 유럽으로 가는 가스마저 끊어버렸다.

유럽으로 가는 러시아 가스의 80%가 우크라이나를 통과하는데 가스 공급이 끊기자 다급해진 EU의 중재로 분쟁이 해결됐다. 우크라이나는 러시아에 끌려다니며 매년 치열하게 가스요금 협상을 해야 한다. 한국이 가스관으로 러시아의 가스를 수입하다가 겨울에 공급이 중단되면 원전이 없을 경우 대처하는 것이 가능할 것인가?

러시아는 우크라이나의 아킬레스건을 문 채 그들이 친서방으로 기울려고 할 때마다 가격 인상을 요구해 왔다. 에너지 자원은 모든 분야에 미치는 영향력이 매우 크기 때문에 우크라이나는 러시아에 끌려다닐 수밖에 없다. 2008년에도 러시아 측은 2009년도분 요금을 1,000㎥당 250달러 내지 최고 450달러로 인상할 것을 요구했다.

가격은 러시아 측에 휘둘린 끝에 1,000㎥당 360달러로 결정되었다. 2009년에는 국제 시세에서 20%를 할인해주는 대신 2010년부터 2019년까지 10년간 420달러로 결정했다. 반면 2009년 우크라이나를 지나는 가스통관료는 2008년 수준을 유지하고 이후 국제 시세에 맞추기로 하였다. 맥도 못추고 러시아에 휘둘린 것이다.

이후 미국 주도의 셰일가스 개발 붐이 일면서 국제 시세가 하락하자 2010년 러시아는 2042년까지 흑해함대의 크림반도 주둔을 연장하면서 밀어내기식으로 234달러에 저가 공급을 하기로 했다. 2013년에는 우크라이나 정부가 EU와 자유무역지대 협정을 하지 않는다는 약속을 받고 2014년 1월부터 3월까지 30% 할인해 주었다.

유럽과 러시아 사이,
끝없는 밀당

　2013년 11월, 리투아니아의 수도 빌뉴스에서 EU-동부연합 정상회의가 열렸다. 조지아와 몰도바는 EU와의 협정에 서명하지만, 우크라이나의 야누코비치는 일주일 전에 돌연 협상을 중단했다. 푸틴은 협상을 방해하기 위하여 야누코비치에게 가스 가격 인하와 자금 지원, 우크라이나의 불량국채 인수 등을 제시했다.

　당시 우크라이나에는 러시아보다는 유럽과 협력하는 것이 더 낫다는 인식이 대세였다. 분노한 군중들이 마이단(독립광장)에 모여들고 시위가 확산되었다. 총 시위대의 숫자는 40만 명에서 80만 명으로 어림했다. 한 설문 조사에 따르면, 11월 30일 폭력적인 진압으로 시위대에 참여하겠다는 비율이 70%가 넘었다. 정부군의 발포로 100여 명의 사상자가 나오며 사태는 걷잡을 수 없게 되고 민심은 급격히 야당으로 기울었다. 야누코비치는 마침내 러시아로 피신하기에 이르렀다.

결국 2014년 5월에 야당의 포로셴코 대통령이 선출되고 우크라이나와 EU 간 협력 협정이 체결되었다. 2014년의 시민들의 승리는 피를 흘린 결과였다. 이를 두고 '유로마이단 혁명'이라 일컫는다.

유로마이단 혁명으로 다시 친 서방 정권이 집권하지만, 크림반도 내 러시아인 보호라는 구실로 푸틴은 군을 투입해 크림반도를 점령한다. 이 와중에 우크라이나는 대응조차 하지 못하고 오히려 군대가 대피한다. 우크라이나의 주둔군은 불과 몇만에 지나지 않아 도저히 상대할 수 없었다. 서방의 지원과 무기는 경제 개발과 국방에 쓰이지 않고 부정부패로 날아가 버렸다.

러시아는 크림반도 점령과 함께 동부의 타 지역에도 우크라이나로부터 분리 독립할 것을 종용하여 돈바스 등 동부지역에서는 지금까지 내전이 이어지고 있다. 푸틴은 크림반도가 러시아의 영토라고 주장하고 심지어 러시아 내에서는 애써 우크라이나를 국가로 인정하지 않고 러시아의 일부로 인식시키려 하기도 한다.

크림반도 점령 외에 푸틴은 다시 또 가스 수출관세 면제 폐지와 할인을 중단하고 가격을 인상하는 등 가스를 이용하여 우크라이나를 굴복시키려는 노력을 멈추지 않았다. 최근에는 몰도바에도 친서방 성향을 버리도록 압력을 가할 수단으로 가스를 이용한다는 비난을 듣고 있다. 2021년 10월 29일 몰도바에 공급하는 가스 가격을 140달러에서 450달러로 인상했다는 보도가 나왔다. 몰도바를 움직일 수 있으면 우크라이나를 포위하게 되므로 우크라이나를 더 압박할 수 있게 된다. 《아시아경제》 2021.10.31. 〈EU간 새 각축장으로 떠오른 몰도바〉

러시아와 우크라이나 두 나라 사이의 분쟁으로 자주 에너지 위기가 발생하자 유럽은 수입다변화를 추진하고 러시아 역시 우크라이나를 거치지 않고 유럽에 가스를 공급하는 방법을 추진해왔다. 하나는 북해에서 해저 가스관으로 독일까지 수송하는 '노르드스트림-2' 계획으로 이미 공사가 완료되었다. EU의 승인이 나면 곧바로 연간 550억㎥를 수송하는 가스길이 열린다. 최근 러시아의 가스 공급량 감축으로 국제 가스 가격이 다섯 배 내지 열 배로 급등한 것은, EU가 속히 '노르드스트림-2'를 승인하라는 푸틴의 압력도 이유라고 보는 시각이 있다.

하지만 미국은 '노르드스트림-2'에 대해 강력히 경고한다. 유럽이 러시아의 자원에 더 심하게 예속되고 러시아의 영향력이 더 커질 것을 우려하는 것이다. 《NEWSIS 2021》.10.22. 〈푸틴 "노르트 스트림2 승인시 하루만에 천연가스 공급 10% 확대"〉 독일도 처음엔 미국처럼 강력히 반대했으나 러시아에 꼬리를 내려 승인하는 쪽으로 태도를 바꿨었다.

그러나 최근 우크라이나의 동부 분쟁 지역과 벨라루스의 중동 난민 문제로 갈등이 고조되면서 러시아의 병력이 우크라이나 동부에 집결하자 독일은 2021년 11월 '노르드스트림-2'의 승인절차를 중단했다. 러시아의 에너지에 예속되는 것을 우려했기 때문이다. 《매일경제》 2021.11.17. 〈독일, 러시아 직접연결 가스관 승인 보류…유럽 가스값 17% 급등〉

지금 우크라이나와 주변 지역에는 군사적 충돌의 위험이 그 어느 때보다 높아지고 있다. 다른 하나는 러시아와 불가리아를 연결하는 '사우스스트림'인데 러시아의 우크라이나 개입에 대한 서방의 제재로 실패했다. 이의 대안으로 러시아의 아나파에서 흑해 해저를 거쳐 터키의 키위코이로 연결되는 터키스트림을 추진했다.

2015년 11월 시리아 국경지대에서 러시아 공군기를 터키가 격추하면서 이 계획은 난항에 부딪혔다가 에르도안 대통령의 친러시아 태도로 2020년 1월 8일 개통되었다.《연합뉴스》 2020.1.8. 〈푸틴-에르도안, 러-터키 연결 '터키 스트림' 가스관 공식 개통〉 서유럽도 나름대로 중앙아시아의 아제르바이잔이나 투르크메니스탄으로부터 가스관을 연결하는 노력을 하고 있다.

러시아는 북극 항로가 열리길 기대하고 있다. 아시아 태평양 지역으로 가스를 공급하기 쉬워지면 가스 공급을 유럽에 치우치는 것보다 수출 통로를 다각화하는 것이 안정적이어서 유리하기 때문이다.

지금은 러시아가 가스 공급을 이용해 유럽에 압력을 행사해도 일방적으로 오래 끌긴 어렵다. 서방이 러시아의 신용등급을 낮추면

외환이 급히 빠져나가거나 하는 등 대응 수단이 있기 때문에 서로 불리하다. 북극항로를 이용한 아시아 태평양으로의 수출 길은 이런 위험부담을 감소시킨다. 북극항로가 열리고 가스 수출 경로가 다양해져서 안정적인 판매망이 형성되면 러시아의 가스 무기화는 더 위력적이 될 수도 있다.

원전으로 에너지 자립을

러시아가 배후에서 지원하는 반정부 성향의 주민과, EU의 일원
이 되길 희망하는 친서방 성향의 주민 간 분쟁이, 정부군과 반군
사이의 장기적인 내전 양상으로 이어지면서 자연적인 여건이 좋은
나라임에도 불구하고 우크라이나는 유럽에서 가장 가난한 나라로
전락하였다. 《연합뉴스》 2019.10.24. 〈우크라, 1인당 구매력 기준 유럽서 가장 가난한 나라〉

무엇보다 심층적인 원인은 러시아의 에너지 무기화로 인한 어려움을 꼽지 않을 수 없다. 에너지 문제가 아니었다면 풍부한 자원을 바탕으로 경제 발전의 기회를 잡을 수 있었을 것이다. 또 러시아에 대한 수출입 의존도가 높은 경제적인 여건으로 인해 러시아와의 관계를 원하는 대로 결정하기 쉽지 않은 것도 우크라이나의 발목을 잡는 요인이다. 러시아의 행태는 전형적인 침략 정책의 일종인 '경제적 제국주의'이다.

우크라이나는 대평원이 펼쳐져 있지만, 유럽의 다른 나라들과 달리 풍력자원이 빈곤한 점이 특이하다. 러시아의 가스 무기화로 국방과 에너지 안보가 취약한 우크라이나는 원전에 관심을 가질 수밖에 없다. 최근 5기의 원전을 미국의 웨스팅하우스사에 발주한 것은 에너지 안보 면에서나 산업구조상의 필요에 따른 적절한 것이었다.

2011년 기준 에너지 소비는 한국이 세계 9위인데 우크라이나는 18위로 상당한 에너지 다소비국이다. 수출 제품은 철강이 약 40%를 차지한다. (김현구, 박희천, 〈우크라이나 풍력발전 현황 및 전망〉 2011.3 한국에너지기술연구원) 원전은 현재 15기를 가동 중인데 앞으로도 계속 원전 확대의 필요성이 부각될 것이다.

유럽에서 가장 넓고 자원이 풍부하지만 러시아의 에너지 무기화에 휘둘려 유럽의 최빈국이 된 나라, 천만 명이 희생된 '홀로도모르'의 상처를 가슴에 안고 사는 나라, 마음은 유럽에 있지만 발을 러시아에서 빼지 못하고 있는 나라 우크라이나가 속히 에너지 자립을 이루길 바란다. '코사크'란 자유인이란 뜻이다. 수백 년 가슴에 담아온 독립과 자유의 열망이 이루어지고, 러시아의 굴레에서 벗어나 그들이 원하는 대로 유럽의 일원이 되었으면 하는 바람이 인다. 한국과 같은 경제부흥으로 언젠가는 유럽의 강대국 반열에 올라, 가슴 시린 애환의 역사를 담고 흐르는 아름다운 드네프르강의 눈물이 멈추기를 소원해 본다. 탈원전에 매달리는 한국의 앞길에는 어떤 운명이 기다리고 있을까?

8장

원전과 태양광발전의
온실가스
배출량 비교

태양광발전과 온실가스

대학을 졸업한 어느 청년에게 태양광발전에 대해 어떻게 생각하느냐고 물었다. 청년은, "태양광이요? 그거 햇볕인데 깨끗한 것 아닌가요?"라고 대답했다. 어느 정도 예상한 것이었다. 나도 과거라면 그리 대답했을 것 같았다. 아마도 상당수 국민도 그렇게 생각할 것 같다.

하지만 과연 그럴까?

이런 생각은 너무나 크게 빗나간다. 원전과 태양광발전에서 배출하는 이산화탄소의 양을 비교해 보자. 원전의 이용률은 85%, 태양광발전의 이용률은 15%이며 보조발전원은 LNG발전을 쓴다고 본다. 원전 이용률 85%라는 것은, 계속 사용할 수 있는 것이 아니라 수리하거나 부품을 교체하거나 연료 교체 등을 위하여 가동을 멈추는 시간이 15%라는 것이다. 가동을 멈춘 기간에는 보조발전원인 LNG발전으로 전기를 사용한다.

태양광발전의 경우 하루 중 15%인 3.6시간만 발전 가능하므로 나머지 85%, 20.4시간 동안은 보조발전원인 LNG발전으로 전기를 사용하게 된다. 이것을 그림으로 보면 〈그림4-1〉과 같다.

국제 원자력 기구(IAEA)의 발전원별 온실가스 배출량 자료는 원전 10g/kWh, 풍력 14g/kWh, 태양광 57g/kWh, LNG발전 549g/kWh, 그리고 석탄 발전이 991g/kWh의 이산화탄소를 배출한다. 원전과 태양광발전은 발전단계에서는 이산화탄소를 배출하지 않지만 설비를 구축하는 동안 배출한 것으로 추정되는 이산화탄소의 양을 발전량에 배부한 것이다.

〈그림 4-1〉
〈원자력 발전과 태양광 발전 온실가스 배출량 비교〉

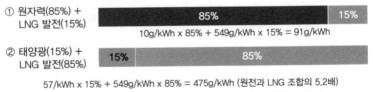

① 원자력(85%) + LNG 발전(15%)
85%   15%
10g/kWh x 85% + 549g/kWh x 15% = 91g/kWh

② 태양광(15%) + LNG 발전(85%)
15%   85%
57/kWh x 15% + 549g/kWh x 85% = 475g/kWh (원전과 LNG 조합의 5.2배)
57/kWh x 15% + 2,973g/kWh x 85% = 2,536g/kWh (무리한출력변경시 27.9배)

발전원별   원자력 10g/kWh   LNG 549g/kWh   석탄 991g/kWh
탄소배출량   태양광 57g/kWh   석유 782g/kWh

LNG 발전을 반복적으로 껐다 켰다 하는 식으로 가동하면 석탄의 3배에 달하는 탄소가 배출된다. 결과적으로 태양광과 LNG 조합이 탄소를 27.9배나 배출한다.

(자료: 국제원자력기구(IAEA),한국원자력학회소통위원회, 원자력Wiki)

원자력발전과 LNG발전 조합의 경우 이산화탄소 배출량은 그림의 계산식처럼 kWh당 91g의 이산화탄소를 배출한다.

그러나 태양광발전과 LNG발전 조합의 경우는 첫 번째 식처럼 kWh당 475g의 이산화탄소가 나오는 것이 아니다. 자동차를 운전할 때 가다 서다를 반복하면 배기가스가 급증하듯, LNG발전을 매일매일 태양광발전과 교대하면서 껐다 켰다 하는 식으로 가동하면 석탄발전에 비해 3배 이상의 이산화탄소가 배출된다. 2,536g/kWh로 원전의 경우에 비해 27.9배의 이산화탄소를 배출하는 것이다.

15% 즉, 3.6시간 동안의 태양광발전의 과정만 상상하면 청정에너지 같이 보이지만, 태양광발전은 반드시 이와같이 과다한 LNG발전을 수반하기 때문에, 배출되는 온실가스의 양이 급증한다. 이것이 재생에너지 비중이 과다하면 온실가스가 급증하는 요인인 것이다. 이점을 이해해야 한다. 그래야만 왜 태양광발전이 원전보다 훨씬 많은 양의 온실가스를 배출하게 된다는 것인지를 이해할 수 있다.

또 LNG는 운송과정에서도 메탄을 발생시키는데 온실가스 효과가 이산화탄소보다 훨씬 강력하다. 하지만 그런 점을 제쳐두고라도 일단 비교가 되지 않는다. 태양광발전을 평가할 땐 LNG발전과 조합으로 생각해야 하는데, 이것이 바로 잘 알지 못하는 일반국민들이 간과하는 점이다.

이상에서 원전을 줄이고 태양광발전 비중을 늘린다는 것은 '원전 85% + LNG 발전 15%'의 조합을 '태양광발전 15% + LNG 발전 85%'의 조합으로 대체하는 것이라고 이해하면 된다. 그래서 태양광 발전이 늘어나면 늘어날수록, 오히려 LNG 발전량이 과다하게 늘어나기 때문에 온실가스가 급속으로 증가한다. 이것은 지난 20여 년간 재생에너지에 집중해 온 독일이 오늘날 유럽에서 온실가스 최대 배출국이 된 것과 일맥상통한다고 볼 수 있다. 반면 원자력발전에 집중해온 프랑스는 온실가스 배출이 독일에 비해 1/10 수준이다.

미국 버몬트주는 상원 의원인 빌 매키번의 활약으로, 원전을 줄이고 신재생에너지 보급과 에너지 효율 향상을 통해 2012년의 탄소 배출량을 1990년 대비 25%까지 줄이고자 했다. 그 노력으로 미국에서 에너지 효율이 가장 높은 5개 주에 들기도 했다. 그러나 탄소 배출량을 목표대로 줄이기는 고사하고 2015년에 이르러 1990년도 대비 16%나 늘어났다. (마이클 셸런버거, 노정태 옮김, 《지구를 위한다는 착각》, 부키, 2021. p.317) 과연 태양광발전을 청정에너지라고 볼 수 있을까?

온실가스 문제의 해법을
찾아가는 국제사회

미국의 버몬트주나 독일이 재생에너지에 열을 올린 것처럼, 2000년을 전후한 무렵에는 재생에너지가 친환경적이란 인식이 주류처럼 번져가고 태양광이나 풍력 등 재생에너지에 대한 기대와 신뢰가 컸다. 하지만 원전에 대해서는 사용 후 연료 관리에 대한 불신으로 반대 여론이 우세한 흐름이었다.

그러나 국제사회는 2020년 무렵에 이르면서 원전 감소가 오히려 온실가스 증가를 초래한 것과, 그간 20년의 경험을 통해 재생에너지가 기대에 미치지 못한다는 것을 깨우쳤다. 사용 후 연료에 대해서는, 자욱한 안개 속의 미래를 보는 것처럼 막연히 있어 온 불안감이 걷히면서 오히려 원전을 더 신뢰하게 되었다.

대표적 사례가 환경 영웅으로 불리던 마이클 셸런버거다. 그는 미국의 환경운동가로서 원전에 대해 비판적인 태도였으나 원전을 이해하자 오히려 옹호론자가 되었고, 한국 원전을 보호해야 할 필요성을 역설한 바 있다.

마이크로 소프트의 빌 게이츠는 2050년을 전망하기를 4차산업 확대의 영향으로 IT부문이 전체 전력의 50%를 점할 것으로 보았다. 그리고 그에 대비하는 취지에서 원자력발전 사업에 뛰어들었다. 다가오는 에너지 문제에 대처하는 데 원자력발전이 현재로선 최선의 방책이라고 보았기 때문이다.

그러나 현 정부는 2050년까지 태양광발전 설비를 464GW로 늘리는 구상을 한다. 현재도 14.6GW로 서울 면적의 22%에 달하는 국토가 태양광으로 덮여 있다. 앞으로 서울 면적의 10배의 땅, 국토의 6%를 태양광발전 설비로 덮는 구상을 하는 것이다. 우리도 독일처럼 재생에너지 과다로 온실가스가 오히려 증가하는 경험을 할 것이다. 왜 다른 나라가 실패한 경험을 뒤따라가려는지 이해하기 어렵다.

미세먼지의 문제도 있다. 태양광발전에 수반된 LNG 발전에는 석탄보다 더 많은 양의 질소화합물이 배출되는데, 이는 대기 중의 화학반응을 통해 입자 형태의 초미세먼지가 된다. 이런 2차 미세먼지가 서울 같은 대도시에선 무려 1차 미세먼지의 9배에 이른다고 한다.

서울복합화력발전소(구 명칭 '당인리발전소')의 400MW급 LNG발전소 2기는 한 해 189t이란 막대한 양의 질소화합물을 토해내는데, 서울의 소각장 1·2·3위에 해당하는 마포, 노원, 강남구 세 곳의 소각장을 합한 양 150t보다 많다. 연간 주행거리를 15,000㎞로 볼 때 경유차 25만7천여 대 또는 휘발유차 210만 대가 뿜어대는 양과 맞먹는다. 이것이 원전을 대신할 경우 태양광과 LNG 복합발전으로부터 배출하는 것이다.

장작과 촛불로 살기 원하는 것이 아니라면 태양광발전을 독립적으로 생각하는 것은 잘못된 것이다. 태양광발전 시간 3.6시간을 제외하고 나머지 20.4시간 동안은 LNG 아니면 무엇으로 전기를 만들어 사용한단 말인가? 《조선일보》 2020.1.8. 〈오피니언 칼럼, '[한삼희의 환경칼럼] 경유차 25만대 맞먹는 LNG 발전소 서울 복판서 가동'〉)

드네프르강의
눈물

9장

발전하지 못하는
수만 개의 깡통
태양광발전소

난맥(亂脈)

탈원전의 외침 속에 지난 몇 년간 수많은 곳에 태양광발전시설이 들어섰다. 차를 타고 국토를 달리다 보면 야산 등 이곳저곳에 태양광 패널이 설치된 것을 보는 것이 어렵지 않다. 2017년부터 2020까지 4년간 서울 면적의 22%에 해당하는 땅이 태양광 패널로 덮였다. 국제재생에너지기구에 의하면 우리나라는 2020년 기준으로 14.57GW의 태양광발전 시설이 들어서 세계에서 여덟째로 태양광이 많이 깔린 나라에 꼽혔다.

산에, 임야에, 저수지에, 지붕 등 곳곳에. 보면 무슨 생각이 들까? 어지럽게 산을 밀어버리고 바닥이 드러난 자리에 태양광 패널이 설치된 모습은 국가의 에너지를 생각하기보단 보기 흉한 환경 파괴라는 생각이 먼저 떠올라 심란해진다.

2019년 9월 30일 문화일보에 태양광발전의 전력망 설치에 관한 소식이 보도되었다. 설치량만 폭증하다 보니 전력망 연계가 늦어져

발전을 못 하고 있는 '깡통 태양광'이 45%나 된다.((문화일보), 2019.9.30, (태양광발전시설 절반이 전력판매 못하는 '깡통 설비')) 국토를 달리다 눈에 띄는 태양광발전 시설 두 곳 중 하나가 전선이 연결되지 않아 발전을 못하고 우두커니 서 있기만 한 것이다. 2020년의 사정도 많이 나아지지 않았다.

2020년 8월 기준, 접속완료율이 전국 평균 61%에 지나지 않는다. 특히 태양광발전 사업은 1MW 이하의 소규모 발전사업자가 대부분인데, 2016년 10월부터 2020년 8월까지 전력망 연계 신청 건수 83,745건 중 접속이 완료된 건수는 51,460건으로 61.4%에 불과했다.

왜 이렇게 된 것일까? 전력망을 포함해 전반적인 인프라를 함께 구축해가면서 정책이 추진되어야 하지만, 오로지 설치에만 급급해 다른 사정은 외면한 채 줄기차게 추진해왔다는 것이다. 국가와 국민이 과연 이 정책으로 혜택을 입을 수 있겠는가? 설치사업자들만 호황을 누렸을 것이다.((에너지플랫폼뉴스) 2020.10.13, (이성만 의원, 태양광 계통연계 지역 격차 심각))

기자는 전망하기를, 어떤 곳은 6년을 기다려야 전력망에 연결되어 비로소 발전을 할 수 있다고 한다. 하지만 과연 그럴까? 2020년 8월 현재 전력망에 접속되지 않은 시설을 연결하는 데만도 수십조의 돈이 들어간다. 비용 문제를 차치하고라도 사실은 태양광발전

시설 설치에 매우 어려운 것이 전력망 연결이다.

독일은 북해 연안의 풍력발전으로 생산한 전기를 공업지대로 송전하기 위한 전력망 설비 공사의 진행이 계획에 비해 매우 저조하다. 주민들이 자기 땅 위로 전선이 지나는 것에 반발하기 때문이다. 여러 지역을 두루 지나야 하는 전력망 설치가 얼마나 어려운지를 알게 해주는 사례다.

우리도 과거의 밀양 송전탑 사례를 보면 사정은 같다. 게다가 우리나라는 땅값이 매우 비싸다. 자기의 비싼 땅 위로 전선이 지나가는 것을 누가 쉽게 허용하겠는가?

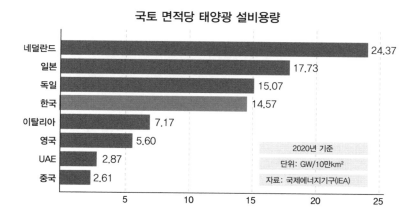

국토 면적당 태양광 설비용량

국가	용량
네덜란드	24.37
일본	17.73
독일	15.07
한국	14.57
이탈리아	7.17
영국	5.60
UAE	2.87
중국	2.61

2020년 기준
단위: GW/10만km²
자료: 국제에너지기구(IEA)

이런 이유로 해서 전력망 설치하는 것이 태양광발전시설 설치의 매우 어려운 요인이다. 결국 6년보다 더 오래 걸리는 곳도 얼마든지 있을 수 있다는 것을 말해주고 싶다.

2020년 8월 기준, 전남(43.2%), 전북(52.5%), 경북(56.9%), 제주(46.4%) 등은 접속률이 40%~50%인 반면 서울(94.3%), 세종(92.4%), 대전(91.8%), 인천(96.5%) 등의 접속률은 90% 이상인 것이 눈에 띈다. 《《에너지플랫폼뉴스》

2020.10.13. 〈이성만 의원 태양광 계통 연계 지역 격차 심각〉》

태양광 설비가 많은 곳일수록 전력망 접속률은 현저히 낮다. 태양광발전 사업 한다며 대출 받은 돈의 이자를 꼬박꼬박 물지만 수익은 발생하지 않는데, 그 피해는 이만저만이 아닐 것이다.

점입가경(漸入佳境)

더 이해할 수 없는 것은 사정이 이런데도 계속해서 태양광 설비를 지속적으로 늘려 가려 한다는 것이다. 2034년까지 68.8GW로 늘리고 2050년까지 얼마로 늘린다느니 하면서 일방적으로 폭주하려 하고 있다. 우리나라는 국토면적을 감안한 '태양광 밀도'로 보면 네덜란드(24.4GW), 일본(17.7GW), 독일(15.1GW)에 이어 14.57GW, 2020년 기준으로 이미 세계 4위에 해당한다.

〈표 5-1〉

2050년 탄소 중립 시나리오			
설치용량	464GW	필요면적	6124㎢
여의도의 2,111배		서울의 10배	
전체 국토의 6.1%		전체 농지의 39%	
※ 태양광 1GW당 13.2㎢ 필요 (산업통상자원부)			

이런 상황에서 앞으로 서울 면적의 10배, 국토면적의 6%가량이 태양광 패널로 뒤덮이고 규모가 464GW에 이르게 된다. 1GW의

태양광발전 설비를 위해서는 13.2㎢의 땅이 필요하다. 이미 앞에서 분석했듯이 아무리 많은 양의 태양광발전 시설이 있어도 태양광발전의 전력 비중은 이론상 15%의 한계를 갖고 있으며 실제로는 6%에 지나지 못함을 설명했다.

9차 전력수급기본계획에는 2034년의 전력소비량을 647.9TW로 예상하고 있다. 매년 1.6% 증가한다고 가정했다. 예상최대전력이 157GW인데 태양광만 464GW는 왜 필요한가? 필요 이상의 설비는 발전량에 기여하지 못함을 앞에서 설명했다.

하지만 정책 입안자들은 태양광발전 시설이 많으면 많을수록 비례해서 발전량이 늘어난다고 생각하는 모양이다. 착각이요 중요한 실수다. 대체 이 정부의 사람들은 무슨 생각을 하고 있기에 근거 없이 그토록 설치에만 매달린단 말인가? 그것도 수많은 전문가들의 의견을 외면하고 말이다.

9차 전력수급기본계획대로 2020년 14.57GW에서 2034년 68.8GW가 되려면 매년 3.87GW씩 14년간 늘려가게 된다. 10.1GW를 설치하는 데도 4년의 시간이 걸렸고 수만 군데에 태양광 설비가 들어섰다. 2034년 이후는 68.8GW에서 2050년에 464GW가 되려면 매년 평균 무려 24.7GW씩 16년간 설치하게 된다. 2020년까지의 누적 설비 14.6GW보다 훨씬 많은 규모를 매년 늘려가는 것이다.

전력망 연결은 2019년 접속률 55%에서 2020년 61%로 늘어난 정도다. 앞으로는 어떤 속도로 연결한다는 것인가? 물리적으로 가능하지 않은 허황된 구상이다. 이 계획을 정말로 밀어붙이면 태양광 설비는 지금보다 30배 이상 늘어난다. 임야며 농지며 온 국토가 얼마나 더 파헤쳐질지 상상하면 머리가 어지럽다.

재정은 어떻게 할 것인가? 천문학적인 금액이 매몰되어갈 것이다. 지금 국가 부채가 960조 원이고 내년이면 1,000조를 돌파한다고 예상되고 있다. 가계부채는 2,000조 원을 향해 치닫고 있다. 이 정부가 보여주는 성적표다. 장차 누가 이 빚을 부담하는가? 거기에 더해 30년간 450GW의 태양광 설비와 그에 따르는 전력망 구축에 해마다 수십 조의 돈을 또 어디서 마련할지 대책이 있는가?

국민의 세금은 그냥 쓰면 되는 것이 아니다. 국민의 피와 땀이요

등골을 빼서 나온 것이다. 한 푼 한 푼 소중하게 여겨야 한다. 그야 말로 국민의 더 나은 삶과 미래를 위해서 말이다. 앞으로는 이제까지와 비교되지 않을 만큼 아우성이 커져갈 것이다. 그래도 돈을 버는 한쪽에서는 여전히 웃으면서 파티를 즐기겠지만 말이다. 설치사업자들 노랫소리 높은 곳에 국민의 원성이 높다.

우라늄 1g의 발전량은 양질의 석탄 3ton의 발전량과 맞먹는다. 우리나라 대부분의 원전인 가압경수로의 경우 우라늄은 한 번 장전하면 3년을 운전하므로 석유나 석탄, LNG에 비해 비축효과가 월등하다. 이런 점에서도 원전의 에너지 밀도는 빛을 발한다. 태양광발전은 원전에 비해 수십 배 또는 백 배 이상의 땅을, 풍력은 수백 배 또는 천 배 이상의 땅을 필요로 한다.

우리 실정에 재생에너지는 토지 이용 측면에서 지나치게 비효율적이다. 탈원전을 철회하지 않는다면 국토의 이용은 파행으로 가기 쉽다. 발전 못 하는 태양광 설비를 두고도 계속 같은 과정을 되풀이할 것인가?

좁은 국토에 세워진 9만 곳의 태양광 설비는 환경과 주민의 삶을 모두 훼손했다. 임야와 농지에 세워진 설비가 가장 많았다. 비가 오면 토사가 쓸려가 농지를 덮치고, 파손된 태양광 설비 잔해가 바람에 날린 듯 흩어져 있는 사진 보도에 아연실색하게 된다. 환경 파괴에 대한 비난이 거세지자 모든 저수지에 태양광 설비를 깔겠다며 지나친 의욕을 보이다 그 역시 비난이 일자 9백여 곳에 설치하고 멈추었다. 설치되면 될수록 지역주민들의 반발이 더 격화된다. 전국 곳곳에 '태양광 반대'라며 쓴 현수막을 어렵지 않게 볼 수 있다.

염전 업에 종사하는 사람 중엔 남의 땅을 빌어서 오랜 기간 사업을 운영해온 사람들이 많았다. 하지만 태양광발전 사업이 더 유리하다고 판단한 땅 주인들이 생계형 염전사업자들을 내보내고 태양광 설비를 구축하자 염전사업자들은 하루아침에 생계를 위협받고 나앉게 되기도 했다. 남해 염전 지대에 시꺼멓게 패널이 들어선 사진을 보노라면, 염전사업자들의 타 들어가는 가슴이 드러나는 것 같다.

수백 년 된 숲을 베어내고 태양광 설비를 깔았다. 황토색의 바닥이 드러난 태양광 부지를 보면 저들이 태양광발전 사업에 열을 올리면서 환경 운운하는 것이 과연 진정성이 있는지 의문이 들지 않을 수 없다. 마치 태양광발전 사업이 황금알을 낳는 거위라도 되는 듯 거침없이 태양광 패널이 들어서고 심지어 자연생태계의 보고인 습지대마저 사라지기도 했다.

숲과 습지대는 태양광발전 사업이 종료되면 무슨 방법으로 복구하나? 공개되는 원자력발전 단가에는 원전 부지를 원래대로 복구하는 복구원가가 반영되어 있다.

하지만 베어진 수백 년생 나무와 깨끗이 증발해버린 습지대의 복구원가는 반영되어 있지도 않을뿐더러, 반영되면 얼마란 말인가? 그렇게 자연이 사라진 자리에 발전하지 못하는 '깡통태양광'이 우두커니 서 있는 것이 친환경인가? 이쯤 되었으면 이제 국민 앞에 솔직히 사과와 함께 정책을 전환하겠다고 공손히 털어놔야 할 것이다.

10장

원자력발전의 안전성

일본 후쿠시마 원전사고

　2011년 3월 11일, 일본 후쿠시마 앞바다에서 규모 9.0의 강력한 지진이 일어났다. 다행히 원자력발전소는 내진설계가 되어 강력한 충격도 이겨내고 별 이상이 없었지만, 지진의 여파로 밀려온 쓰나미가 문제였다. 높이 15m의 거대한 쓰나미는 상상을 초월한 정도였고 후쿠시마 원전의 방파제를 집어삼키듯 덮쳐버렸다. 강력한 지진을 감지하자 원자로 보호 계통이 가동되고 정비 중이던 4호기는 작동을 멈추었다.

　하지만 원자로 내의 열은 아직도 고온의 상태였고 밀려온 쓰나미로 냉각장치가 침수되어 냉각수를 공급하는 펌프에 전력 공급이 중단되었다. 이동식 발전기를 사고 현장에 급파하지만 교통상황이 열악해 6시간이나 지연해서 도착하고, 여러 차례 연결을 시도했으나 연결에 실패하였다. 온도가 상승하자 원자로가 녹아내렸다. 이런 과정에서 우라늄을 감싸고 있는 피복제인 지르코늄이 녹아내렸고, 뜨겁게 가열된 수증기와 지르코늄이 반응하면서 수소가 급격히 발생하였다.

천장에 모인 수소는 10%의 농도에 이르면서 폭발하고 격납건물의 지붕이 파손되었다. 수소가스 폭발로 인한 사고였던 것이다. 그리고 방사선이 누출되었다.

사고가 나자 기다렸다는 듯 원전의 안전성에 대해 논란이 일었다. 나중엔 원전사고 때문에 일본에서 신규 암 환자가 100만 명으로 는다는 등 근거 없는 괴담도 퍼졌다. 원전사고로 789명이 사망했다는 등의 '가짜뉴스'가 돌기도 했으나 원전사고 당시 사망자는 쓰나미로 인해 2명이 사망한 것으로 밝혀졌다. 이 두 사람은 쓰나미가 지나가고 원전사고가 나기 전 시신으로 발견되었다. 문재인 대통령은 후쿠시마 원전사고로 죽은 사람이 1,368명이라고 했다.

그러나 일본 외무성의 항의가 있었고 우리 정부는 유감을 표명했다. '원전사고'가 아니라 '원전 관련사고'로 발표했어야 하는 것이었다고 해명했다. 이 사고를 계기로 일본은 탈원전으로 가게 되지만 결국 전기료 인상으로 제품의 가격경쟁력이 약화되자 기업들이 감당하기 어려운 정도의 상황이 되고, 2015년 어쩔 수 없이 탈원전을 포기했다.

이 사고를 두고 원전은 지진에 취약한 것처럼 얘기하는 이들이 있지만, 냉각장치 침수가 수소폭발까지 이어진 것이다. 원전은 9.0의 지진도 견디며 4%로 농축된 연료용 우라늄은 폭발력이 없다. 이것으로는 과학자들이 원자탄을 만들려고 해도 못 만든다.

당시의 진앙에서 후쿠시마 원전은 180㎞ 거리에 있었지만, 인근의 오나가와 원전은 진앙에서 120㎞ 거리에 위치해 있다. 후쿠시마보다 진앙에 더 가까이 있었지만 역시 규모 9.0의 지진을 견디고 지대가 높아 침수되지도 않았다. 여진이 계속되는 기간에 지역 주민들은 오나가와 원전으로 대피해 안전하게 지낼 수 있었다.

후쿠시마 원전 격납건물은 두께 16cm의 콘크리트였다. 의외로 얇다. 체르노빌 원전의 사고에서는 건물의 지붕이 완전히 날아가 버렸다. 하지만 후쿠시마에서의 수소폭발은 이 격납건물을 날리진 못했다. 일부가 찢어졌고 그 틈으로 방사능이 유출된 것이다. 사고 당시 원전은 건설한 지 4년 정도 된 신규 원전이었다. 격납건물을 좀 더 두껍게 지었더라면 방사능 유출은 일어나지 않았을 텐데 하는 아쉬움이 크다.

독자들은 영화 〈판도라〉를 기억할 것이다. 영화 포스터를 보면 지진으로 원전이 크게 폭발하는 장면이 그림으로 묘사되어 있다.

영화 속의 지진이 실제 발생하면 어떻게 될까? 지진의 규모가 1

오를 때 지진으로 발생하는 힘은 32배가 된다. 그러니 후쿠시마와 오나가와 원전을 강타한 규모 9.0의 지진은 영화 속의 6.1과 지진의 규모로 비교하면 힘이 $32 \times 32 \times 32 \times 0.9 = 29{,}491$배의 크기다. 말하자면 실제에서는 29,491개의 쇳덩어리로 원전을 내리쳐도 아무일 없는데 영화에선 한 개로 내리쳤더니 대폭발이 일어나는 것으로 설정했다. 영화라지만 현실을 호도할 수 있는 내용이라면 주의해서 관객들이 제대로 이해하도록 설명해주어야 한다.

〈판도라〉를 보고 탈원전을 결정했다면 그야말로 주의했어야 할 일 아닌가? 오나가와 원전의 사례에서 알 수 있듯이 지진이 발생하면 원전으로 대피하는 것이 가장 안전하다. 내진설계가 가장 안전하고 훌륭하게 된 건축물이 원전이다.

미국 쓰리마일 섬의
TMI 2호기 원전사고

후쿠시마, 체르노빌, 쓰리마일 섬. 각각의 장소에서 발행한 세 번의 원전사고는 이유는 다르지만 세 번 다 냉각장치가 제대로 작동하지 않아 일어났다.

1979년 미국 쓰리마일 섬의 TMI원전 2호기에서 사고가 났다. TMI 원전은 우리나라 대부분의 원전과 같은 가압경수로형 원전이다. 원인은 후쿠시마와 같이 냉각장치가 작동하지 않게 되자 온도가 올라가면서 원자로가 녹아내렸다. 하지만 우라늄 폭발도 수소가스 폭발도 일어나지 않았다.

원자로 내의 우라늄은 폭발하지 않는다. 핵반응으로 에너지를 얻는 것은 U235인데, 천연우라늄 중에 U235은 약 0.7%에 불과하며 대부분은 U238이다. 0.7%의 우라늄은 중수로에서 연료로 사용되지만 가압경수로에 사용되는 우라늄은 U235를 농축시킨 것이다. 농축시킨다는 것은 U235와 U238을 분리하여 U235의 농도를 높인다는 뜻이다. 30%로 농축되었다는 것은 U235의 양이 30%라는 것이다. 원자탄에 쓰이는 우라늄은 U235를 90% 이상 농축시켜 엄청난 폭발력을 낸다.

하지만 원자력발전에는 U235를 4% 정도로 농축시킨 것을 사용하여 폭발력이 없다. 이것은 종종 알코올과 맥주에 비유되는데 알코올은 불에 닿으면 폭발하지만 알코올 농도가 4%에 불과한 맥주는 폭발력이 없는 것과 같다. 이런 이유로 원자력발전소에서 원자탄과 같은 폭발은 일어날 수 없다. 가압경수로인 TMI 원전에서는 수소가스 폭발도 일어나지 않았다. 수소가스가 발생해도 이를 연소시키는 산소가 발생하지 않아 폭발이 일어나지 않는 것이다.

우리나라는 월성 원전 1·2·3·4호기가 중수로이며 그 외의 것은 모두 TMI 원전과 같은 가압경수로다. 즉, 수소폭발도 우라늄 폭발도 일어나지 않게 돼 있다. 결국 TMI 원전사고로 격납건물 내에 방사능이 찼을 뿐 외부로 유출되지는 않았다.

사고 후 주변의 방사선량 수치는 자연방사선 수준의 정상이었으며 옆에 있는 TMI 1호기는 2034년까지 연장가동하기로 해서 지금도 전력을 생산하고 있다. 1979년 3월 28일에 사고가 발생했으나 불과 나흘 후인 4월 1일 카터 대통령은 사고 현장을 양복차림으로 방문해 근무자들과 대담하고, 직원들은 여느 때와 같이 각자의 자리에서 근무 중인 사진 역시 인터넷상에서 볼 수 있다. 국민들을 안심시키기 위해 평상복으로 직접 사고 원전 현장을 방문한 미국의 카터 대통령과 〈판도라〉를 보고 눈물을 흘린 문재인 대통령 두 사람의 모습을 보면서, 전체 인구의 74.1%가 원전 유지 및 확대에 찬성하는 우리 국민은 무슨 생각을 할까?

우크라이나의
체르노빌 원전사고

1986년 사고 당시 구소련에 속해 있었고 현재는 우크라이나의 영토인 체르노빌에서 대형 원전 폭발사고가 일어났다. 체르노빌 원전은 유사시 군사 목적의 플루토늄 제조를 위한 목적도 지닌 원자로로 추정되었다. 사고는 시험 중에 발생했다. 작동 실수로 냉각장치가 정지하고 원자로 내의 온도가 상승했다. 인재였다.

원자로 내의 핵반응은 너무 빨라도 안 되기 때문에 반응속도를 조절해주는 감속재가 있다. 체르노빌 원전은 우리와는 다르게 감속재로 흑연을 사용하는 '흑연로'인데, 온도가 600도에 이르자 흑연이 폭발했다. 원자로 건물은 격납건물이 아닌 일반 건물이었고 폭발에 의해 전체가 날아가 마치 분화구처럼 큰 구멍이 생겼다.

대형 참사로 방사능이 유럽의 광범위한 지역으로 퍼져나갔다. 인근의 벨라루스는 영토의 22%가 방사능에 오염되었다. 동식물도 자연히 방사능 피해를 입었다. 오염된 풀을 젖소가 먹고, 그 젖소의 우

유로 만든 분유를 아기들이 먹으면서 소아갑상선 암에 걸린 아이들
이 5,600여 명에 달했다. 사고가 나자 역시 원전을 반대하는 이들은
비난을 쏟아냈다. "27,000명이 사망하게 된다."라는 등의 얘기가 돌
았다. 체르노빌 원전사고는 사상 최악의 원전사고였지만 알려진 내
용은 과장되었거나 허위사실인 경우가 많았다. 어떤 단체는 9만3천
명이 사망한 것으로 주장했고, 주변국에서 4,000명이 방사능에 의
해 사망할 것이라 예측했던 단체도 있다. 심지어 98만5천 명이 사망
한다고 본 단체도 있었다.

하지만 UN의 '방사선 영향에 관한 과학위원회(UNSCEAR)'가 2008년
발간한 보고서(64~65쪽)에 의하면 134명의 발전소 직원들과 긴급 작
업원들이 높은 방사능에 노출되어 그중 28명이 방사능 피폭으로
사망하였다. 또 아이오딘-131에 오염된 분유를 먹고 소아갑상선
암에 걸린 5천6백여 명의 아이들 중 15명이 2011년까지 사망하였
다. 이로써 체르노빌 원전사고로 방사능에 의해 사망한 사람은 공
식적으로 43명으로 확인되었다.

UNSCEAR는 또 체르노빌 사
고로 높은 수준의 방사선에 피
폭된 사람들이 있지만, 대부분의
사람들이 낮은 선량에 피폭되었
으므로 건강문제에 대해 두려움을 가질 필요는 없다고 결론지었다.

원전이 위험하다?

미국에서 과학자들이 원전의 안전성을 진단하기 위해서 몇 가지 실험을 했다. 결론은 원자로 격납건물은 파괴할 수 없다는 것이었다. 원자력발전소 사진을 보면 둥그렇게 보이는 것이 원자로 격납건물인데 그 속에 원자로가 있고, 원자로 속에서 우라늄이 핵분열을 하면서 에너지를 내며, 그 에너지로 수증기를 만들어 터빈을 회전시켜서 전기를 만든다.

원전 상식이 없는 일반 국민들은 우라늄이 폭발하고 격납건물이 파괴되면 방사선과 열기, 폭풍 등으로 대참사가 일어나는 것이 아닌가 우려한다. 하지만 전술한 대로 우라늄은 폭발하지 않으며, 격납건물은 외부 충격으로 파괴할 수 없다. 실험에서 시속 800㎞로 비행하는 전투기를 격납건물에 충돌시켰지만 건재했다. 전투기 충돌 사진은 인터넷에서 쉽게 찾아볼 수 있다. 내부압력을 높여서 격납건물을 파괴하는 실험도 했지만 결국은 원전을 파괴할 수 없다고 결론지었다.

우리나라의 원전 지역에서 지진 사고가 발생하면 어떻게 될까?

① 후쿠시마도 그랬지만 진도가 일정한 강도 이상일 경우 원전은 자동으로 가동을 멈추게 설계되어 있다.

② 그리고 후쿠시마 사고 이후 쓰나미에 대비해 방파제를 높여 놓았다.

③ 그래도 범람하여 발전기가 침수되고 작동을 못 하게 된다면 이에 대비해 트럭 형태의 이동식발전기가 준비되어 있다. 즉시 전원은 회복되고 냉각장치가 정상적으로 작동하게 할 것이다.

④ 그러나 그마저도 제대로 작동하지 않아 냉각장치가 정지한다고 하자. 온도가 수천 도의 고온 상태가 되면 노심용융이 일어날 것이고 연료봉과 원자로는 녹아내릴 것이다. 후쿠시마는 수소 농도가 10%에 이르면서 폭발하였지만, 우리 원전은 수소가스가 모일 틈을 주지 않는다. APR1400에는 수소 제거장치가 40개나 있다. 우리 원전도 TMI처럼 수소폭발은 일어나지 않고 격납건물 내에서 방사능은 빠져나오지 못할 것이다.

⑤ 하지만 사실상 가능성은 없더라도 어찌어찌해서 수소가스가 모여 폭발에 이른다고 하자. 가스의 폭발력은 어느 정도일까? 후쿠시마 원전의 격납건물 두께는 16cm였다. 아마도 이 수치에 의아해하는 독자들이 많을 것이다. 원전에서 폭발에 대비하는 시설의 두께가 가정집 건물과 별 차이가 없는 정도라니 말이다. 그것도 체르노빌처럼 건물이 날아간 것이 아니라 천장의 일부가 파손된 것을 보면, 후쿠시마 원전의 폭발력이 어느 정도일지 상상하는 것이 어느 정도 가능할 것이다. 후쿠시마 원전은 증기발

생기 등 주변 장치가 원자로와 통합된 일체형이라서 격납건물의 부피가 작다. 우리 원전은 원자로와 주변 장치가 분리 설치되어 그것을 포함하고 있는 격납건물의 부피가 후쿠시마 원전의 약 5배다. 동일한 가스 폭발이 발생하면 내부압력이 1/5 정도가 되니 폭발력의 영향은 적어진다. 하지만 무엇보다 우리 원전에 대해 안심할 수 있게 하는 것은 튼튼한 격납건물이다. 겉에서 보아 둥글게 보이는 격납건물의 벽은 두께 120cm의 철근 콘크리트로 되어있다. 16cm의 후쿠시마와는 완전히 차원이 다르다. 고리1호기는 미국의 원전을 도입해 건설한 것이다. 미국 원전은 두께가 60cm, 고리1호기는 65cm였다.

⑥ 120cm의 콘크리트로 된 둥근 제5방호벽 안쪽에 겹으로 밀착해 있는 제4방호벽은 두께 6㎜의 금속 방호벽이다. 가스폭발로는 파괴되지 않을 것이다.

이상의 과정을 보면, 우리 원전에서 대형사고가 나서 참사로 이어지려면 하나하나의 단계마다 우리의 예상을 크게 빗나가는 일이 연속해서 발생해야 가능하다. 그러나 수소가스 폭발 정도로는 우리 원전을 파괴하는 것은 불가능하다. 결국, 어떤 경우에도 방호벽이 파괴되는 일은 상상할 수가 없다. 웬만한 폭발력에는 꿈쩍도 하지 않을 것이다. 세계가 우리 원전의 안전성을 인정하는 데는 그럴만한 충분한 이유가 있다.

일반인은 원자력을 가장 위험하다고 인식하지만, 전문가들은 원자력이 자동차나 비행기, 선박에 비해 훨씬 더 안전하다고 인식한다. 이렇게 차이 나는 이유는 평가하는 방법부터 다르기 때문이다. 일반인은 원전에 대한 이해가 부족하니 막연한 느낌에 의존하기 쉽다. 반면에 전문가 혹은 합리적으로 판단하는 사람일수록 '사실과 과학'에 의해 입증된 데이터를 기초로 평가한다.

〈표 6-1〉

사고	자동차			항공기경량및초경량사고	
	발생건수	부상자수	사망자수	발생건수	사망자수
2020	209,654	306,194	3,081	10	5
2019	229,600	341,712	3,349	6	4
2018	217,148	323,036	3,781	9	5
2017	216,335	322,829	4,185	5	2
2016	220,917	331,720	4,292	11	8
2015	232,035	350,400	4,621	10	3
2014	225,163	337,497	4,762	2	1
2013	215,354	328,711	5,092	4	2
2012	223,656	344,565	5,392	4	5
2011	221,711	341,391	5,229	7	4

출처: 국토교통부

자동차 사고의 부상자 수는 2011년 341,391명에서 2020년 306,194명으로 꾸준히 감소해 왔지만 여전히 연간 수천 명이 사망하고 있다. 부상자 수는 역시 감소하지만 매년 수십만 명에 이른다.

반면 항공기 사고는 1993년 김포에서 목포를 향하던 아시아나 항공 733편이 기상 악화로 추락하여 106명이 사망하였고, 부상자는 경량 및 초경량 사고로 2011년부터 2020년까지 10년간 39명이 발생했다. 원전은 어떤가? 미국 포브스지 2012년 발표에 의하면 1조kWh의 전력 생산 시 사망자는 석탄발전 10만 명, LNG 발전 4천 명, 원전은 90명이다. 그나마 체르노빌 사고를 제외하면 0.1명에 지나지 않는다. 우리나라는 지난 40년간 인명 피해가 단 한 건도 발생하지 않았다.

영화 〈판도라〉에서는 6.1의 진도에 원전이 폭발했지만, 사실과는 거리가 멀다. 우리나라 지진 역사상 가장 강했던 것은 2016년 9월 12일 진도 5.8을 기록한 경주 지진이었다. 그전에는 40년간 진도 5.0 이상의 지진은 4회 있었다. 123층, 555m 높이의 잠실 롯데타워도 진도 7.5에도 견디도록 설계되었다고 한다. APR-1400은 그보다 훨씬 안전하게 설계되었지만, 경주 지진 이후 더욱 보강되었다. 사실 하지 않아도 되는 것을 국민을 안심시키기 위해서였다고 한다. 동일본 대지진 때 주민들이 오나가와 원전으로 대피한 것처럼, 지진이 일어날 경우 원전이 가장 안전하다.

유럽은 2017년 한국형 차세대 원전 APR-1400에 대해 유럽사업자요건(EUR) 인증을 통과시켰다. 이로써 우리 원전기술은 세계 시장에서 기술력을 인정받았다. 2020년엔 미국 원자력규제위원회(NCR)가 진행한 안전성 평가를 통과하고 최종 설계 인증을 득하였다. 한국은 미국에서 원전을 건설할 수 있는 유일한 국가가 되었다. 유럽이나 미국의 안전성 검증은 대단히 까다롭다. 그것을 통과했다는 자체가 충분히 믿어도 된다는 것을 뒷받침한다. 미국과 유럽의 설계 인증을 동시에 얻은 유일한 국가가 바로 한국이다. 이런 기술진과 과학자들을 신뢰하지 못한다면, 자동차도 위험하니 타지 말고, 지진 나면 파묻히니 고층건물에 출입하지 말고, 자다가 천장 무너질지 모르니 눈 뜨고 자야 한다. 의사가 오진할 수 있으니 병원 가는 것도 불안할 것이다. 얼마나 비합리적인가. 사실과 과학이 제공하는 데이터로 원전을 평가하고 우리 과학자들을 믿자. 머리는 이발사에게 맡기고 원전의 안전은 한국의 기술진에 맡기는 것이 옳다.

드네프르강의
눈물

11장
체르노빌 단상(斷想)

야생동물들, 낙원을 되찾다

체르노빌이나 후쿠시마 같은 원자력발전소의 사고가 나면, 기다렸다는 듯 괴담이 흘러나오고 불안한 민심을 더욱 공포로 몰아간다. "방사능 때문에 백만 명이 죽게 될 것"이라든가 "수십만 년 간다."라는 등의 이야기가 퍼져 가면, 사람들의 사고력은 꼼짝 못 하고 얼어버린다. '수십만 년, 백만 년'이 단골 메뉴처럼 등장한다.

'죽음의 땅' 우크라이나의 체르노빌 현장은 사고 후 어떻게 되었을까? 한 세대가 지날 무렵의 사고 지역, 거무스름한 잿빛 일색에 생명체라곤 찾아볼 수 없는 황량한 풍경을 상상하고 있던 사람들에게는 의외로, 이곳의 모습은 놀랍게도 예상과는 다르게 전개되었다. 우리가 생각하던 곳이 아니다. 인간의 침략과 지배를 피해 사라졌던 야생동물들이, 인간이 사라지자 다시 나타나 곳곳에서 자유롭게 거닐고 번식하며, 어느새 자연은 아름다운 본연의 생태계를 서서히 스스로 회복해가고 있었다.

아직 방사능의 영향으로 '핫 존(hot zone)'에서는 질병과 기형 등의 고통을 받는 것이 여전히 관찰되지만, 놀라지 않을 수 없는 것은, 동식물들을 사라지게 한 것은 방사능이 아니었다. 그것은 바로 인간의 사냥, 개발과 도시화, 자연에 대한 인류문명의 침략이었던 것이다.

그리고 인간의 주권이 미치지 못하게 되자, 동식물들은 자신의 낙원을 돌려받게 되었다. 사고 지역 주변 25㎞는 방사능의 농도가 높아 아직 출입이 제한된다.

그러나 동물들은 방사능엔 무관심한 듯하다. 그들은 방사능 속에서도 창조주께서 부여하신 자연의 섭리를 따라 각자의 생존방식을 유지하며 살아가고 있다. 인간이 버려두고 간 텅 빈 아파트 단지에는 무성한 수목이 산림을 이루려 한다. 탐욕스러운 개발의 손길이 없으니 초목이 하늘을 찌를 듯 뻗어가고 있다. 나뭇가지에 앉은 이름 모를 새는 무엇을 찾고 있는지 두리번거린다. 어린 개체를 데리고 떼를 지어 체르노빌 인근 숲속을 산책하는 엘크 무리 위로 북반구의 태양이 얌전히 빛을 내리면, 나뭇잎에 반짝이는 영롱한 이슬은 그림으로 보아도 살짝 눈이 부신 듯하다. 욕심 많아 보이는 멧돼지는 쿵쿵거리며 부지런히 먹이를 찾고 있다. 자연이 회복되고 있음을 보여주려는 것 같아 다시 나타나 준 것이 너무너무 고맙다.

이 지역에 서식 중인 약 300마리의 늑대가 야간에 이곳저곳에서 울리는 하울링은 역동적인 대자연의 심장 박동 소리가 아니겠는가?

다행스럽게도 늑대의 개체수가 다른 일반 지역보다 더 많다고 한다. 날카로운 부리로 먹이를 노리는 흰꼬리수리와 검독수리의 근엄한 눈매에는 사고에도 불구하고 주눅 들지 않은 대자연의 위엄이 서려 있다. 무리 지어 어슬렁거리는 야생의 소들은 우리에게 언제

무슨 일이 있었냐고 반문하며 여유를 부린다. 지붕 위에서 미끄럼을 타고 내려오는 곰의 천진난만한 모습을 보니 덩치만 컸지 너무 귀여워 웃음이 절로 나온다.

여기서 겨울을 나는 새들도 있고, 불곰, 표범 같은 맹수도 있다. 사슴, 붉은 여우, 심지어 사고 전에 없던 동물들도 서식하니, 공연을 준비하는 오케스트라처럼, 체르노빌의 자연은 인간을 제외하곤 생태계의 거의 모든 것을 갖추어 가고 있다. 인류문명이 물러가니 자연의 생태계가 스스로 상처를 치유하고, 멸종 위기의 종도 개체수가 늘어나 더 풍요롭게 피어나고 있다. 그들은 분명 방사능과 함께 살고 있다. 체르노빌의 역설이다.

사고 지역은 방사능 수치가 현저히 떨어져 출입제한구역 외에는 관광객을 받아들이고 있다. 사진 속 관광객의 손에 있는 방사능 측

정기는 0.12μSv(마이크로시버트)를 기록하고 있다. 관광객은 방사능 측정기를 소지해야 한단다. 연구 활동을 위해 세계의 곳곳에서 학자들도 모여들고 있다.

'죽음의 땅'만 상상했던 우리의 생각은 어디서부터 빗나갔을까? 새삼스럽게 혁명처럼 충격적으로, 그러나 차분히 뇌리를 스치는 것이 있다. 그렇다. 미처 생각하지 못했던 것, 그것은 방사능이, 다름 아닌 자연의 일부였던 것이다. 자연계는 그것을 품고 지내왔다. 그렇기에 체르노빌의 생태계는 그것과 함께 복원되는 것이 가능했다.

'수십만 년'이니 '백만 년'이니 하는 것은 착각이요 허세다. 그것이 아니고 '영원(eternity)'이다. 언제나 어디에나 있고 우리는 그것과 헤어지지 못한다. 하늘에는 우주방사선이 있고 땅에는 지각방사선이 있다. 대기 중에도 있다. 지금 당신이 이 글을 읽는 순간에도 당신은 방사선에 피폭되고 있다. 잠을 자는 순간에도 천장의, 벽의 콘크리트에서 당신에게로 방사선이 나오고 있다.

요즘 주부들은 화학조미료를 사용하지 않으려고 멸치, 다시마 등으로 국물을 우려낸다. 그런데 멸치에 있는 방사선이 강하다는 것을 아는가? 마른 멸치 2g 속엔 폴로늄 2Bq(베크렐)이 있다. 이것을 사람들이 그토록 겁내는 세슘(Cs-137)으로 환산하면 180Bq이다. 법적으로 식품에 허용되는 1kg당 세슘 100Bq을 훌쩍 넘어버린다. 우리가 소비하는 식품 속에, 담배 속에 방사능이 있다. 당신의 냉장고 문을 열면 많은 음식에서 나오는 방사선이 기다리고 있다. 사람의 몸속에서도 체중 1kg당 칼륨(K-40) 55Bq(베크렐)이 나온다. 우리가 그렇게 방사능과 함께 살아갈 수 있는 것은, 방사능 그 자체가 자연이며 창조주께서 규정한 질서에 함께 포함되기 때문이다.

자연은 고맙기도 하지만 두렵기도 하다. 항상 그래왔고 앞으로도 그럴 것이다. 우리는 자연과 조화를 이루고 살기도 하지만, 때론 자연이 가져오는 시련을 슬기롭게 극복하며 살아가야 함을 알고 있다.

방사능 때문에 위험하다고? 방사능 때문에 기형이 생기고 질병과 고통을 겪는다고? 인류문명은 그렇게 도전과 응전의 과정을 거치면서 이어왔다. 그것이 자연과 함께 살아온 인류의 삶의 방식이다. 방사능 외의 자연의 다른 부분도 그렇다는 것이다. 물은 없어선 안되지만, 홍수로 모든 것을 휩쓸어 가기도 한다. 땅은 우리가 살아갈 터전이요, 농사를 지어 식량을 생산하지만, 지진으로 순식간에 생명과 재산을 잃어버린다. 베수비오 화산의 폭발로 로마에서 가장 번성했던 도시 폼페이는 화산 분출물에 묻혀 사라져 버리는 비극을 남겼다. 공기가 없으면 못살지만, 태풍은 우리에게 큰 피해를 입힌다. 제트기류의 붕괴로 한파가 밀려오면 차가운 공기는 사람이든 동물이든 겨울나기를 힘겹게 한다. 태양은 우리에게 고맙게도 빛과 열을 주지만, 원망스럽게도 뜨거운 아프리카의 태양열은 넓은 땅을 사막화하는 데 기여한다.

　이렇듯 자연은 언제나 우리에게 혜택뿐만이 아니라 시련도 안겨준다. 인류는 그런 시련을 이겨내면서 역사를 만들어 왔다. 방사능도 자연이기 때문에 그렇게 우리에게 혜택과 시련 둘 다 줄 수 있다. 우리가 혜택은 어떻게 활용하고 시련은 어떻게 잘 관리하면서 '도전과 응전'의 역사를 이어가느냐 하는 것이 문제인 것이다.

　태양광 패널과 풍력 터빈은 과학과 문명의 상징이다. 인류가 미래를 대비한다며 선보인 기술이다. 하지만 에너지 밀도나 간헐성이란 문제로 인해 곳곳에서 자연과 충돌한다. 2016년부터 작년까지 9만 개 정도의 곳에 세워진 태양광 설비는 자연을 심하게 훼손했다.

　풍력 터빈은 어떤가? 서해에 8.2GW를 설치하면 제주도(1,847㎢)보다 넓은 해역(2,100㎢)에 터빈이 들어선다. 잠수함이나 대형 선박은 다닐 수 없게 될 것이다. 해상교통은 마비되고 해양생태계에는 소멸하는 종과 개체수가 줄어드는 종이 한둘이 아닐 것이다. 그러면서도 생산하는 에너지는 원전 한 기에 비해도 크게 못 미친다. 비용은 무려 원전 한 기의 9배가 든다.

　2050년까지 풍력 터빈 44GW를 설치한다고 한다. 인간의 개발과 거주, 도시화가 체르노빌의 자연생태계를 내몰았듯이, 한국의 육·해상에서, 신이 창조한 자연의 생태계가 인간이 만든 문명에 눌려 훼손될 것이다. 그래도 인간의 문명은 결국 쇠퇴하겠지만, 자연 생태계가 다시 회복되기까지 얼마나 큰 대가를 치르고 얼마나 긴 시간이 걸려야 그 어리석음을 깨달을 것인가?

원자력은 최소한의 땅에서 깨끗한 에너지를 많이 만들어 낸다. 에너지 밀도는 태양광발전의 수십 배 또는 백 배 이상, 풍력발전의 수백 배 또는 천 배 이상이다. 우리는 원자력을 에너지뿐만 아니라 의료, 건축, 고고학, 물리학, 비파괴검사, 농작물 품종개량, 화재감시기, 식품 살균, 곰팡이나 병충해 방제 등 여러 분야에서 활용한다. 병원에서 방사선을 이용한 진료나 치료로 많은 사람의 건강과 생명을 구하기도 한다.

그런데 원전을 반대하는 이들은 지하 500m 내지 1㎞ 깊이에 보관한 사용 후 연료가, 지진이 일어나 위로 돌출해서 인간의 생활권에 들어오는 만에 하나의 경우까지 들먹거려 참사를 부른다고 아우성이다. 그러나 굳이 만에 하나라는 비약적인 상상을 할 필요도 없다. 이미 우리의 생활권에는 방사선이 들어와 다양하게 함께 존재하고 있다.

1987년 브라질 고이아니아시의 어느 병원 시설에 도둑이 들어, 하필이면 방사선 치료용 염화세슘(CsCl)이 들어있는 캡슐을 훔쳐갔다. 가져가 보니 속에 있는 예쁜 녹색의 분말이 신기해서 여러 사람이 구경하고, 여성은 화장품처럼 얼굴에 바르고 어린아이는 먹기도 했다. 다른 사람에게 팔았는데 여러 사람이 같은 과정으로 피폭되었다. 뒤늦게 브라질 정부가 방사성 물질임을 알고 거둬들였으나 이미 많은 사람이 피폭되었다. 과피폭자들은 두 달 내에 사망했고, 암이나 면역력 저하로 10년 내에 사망한 사람도 있었다. 그 외에도 많은 사람이 스트레스성 증후군 진단을 받았다.

이와 같이 우리의 생활권에서 방사선 사고로 재앙이 일어나기도 한다. 그런 방사성 물질은 병원 외에도, 어느 실험실에나, 어느 시설에 이미 다양하게 존재한다. 하지만 우리가 사고에도 개의치 않고 병원을 걱정 없이 드나들거나 그 주변에서 살아갈 수 있는 것은 우리 과학자들의 관리능력을 믿기 때문이다.

원자력 전문가들에게도 그와 같은 신뢰를 보내자! 전문가의 의견을 믿지 않으면 전문가는 설 자리를 잃게 되고, 우리는 의지할 곳을 잃어버린다. 그렇게 되면 대중을 미혹하는 선동꾼들만 활개 치는 세상이 된다. 우리에게 부메랑처럼 돌아오는 것은 거짓이 진실이 되고, 비정상이 정상으로 뒤집힌 세상일 것이다. 선동꾼들의 말은, 들을 땐 그럴싸해도 결국에는 우리의 행복을 파괴한다는 것을 잊어서는 안 된다. 더구나 한국의 원전기술은 세계 최고의 수준이 아닌가?

방사능은 그냥 자연의 일부라고 보면 된다. 굳이 악으로 보는 것이 얼마나 어리석은가? 원전을 반대하는 사람들은 병원의 방사선 치료를 반대하는가? 그들은 세슘이 두려워 방사선 치료를 거부하다가 그냥 죽는 쪽을 선택하는가?

체르노빌의 생태계에 대한 미국 조지아대학과 영국 포츠머스대학의 공동 연구는 방사능에 대한 편견과 인류문명에 대한 교만을 새삼 깨우치게 해준다.

"인간이 사라지면 야생동물 수는 다시 늘어난다. 그것은 인간의 평범한 활동이 생태계에 미치는 영향을 극명하게 보여준다. 말하자면 원전사고보다 사냥, 개발 등 인간이 자연생태계에 더 해롭다."

포츠머스 대학의 짐 스미스 교수의 말이다. 그들은 "우리는 야생 동물들이 사고 전보다 더 잘 살고 있다고 자신 있게 말할 수 있다."고 덧붙인다. (《허프포스트코리아(huffingtonpost.kr) 뉴스》 2015.10.17. 〈체르노빌 원전사고로부터 수십 년, 출입 금지구역에 야생 동물이 번성하고 있다.〉)

체르노빌 사고 원전은 현재 40여 개국으로부터 원조를 얻어 2조 6천억 원을 들여 제작된 108m 높이의 초대형 금속 격납건물 속으로 자취를 감췄다. 사고 원전으로부터 200m까지 접근해서 취재하는 보도진의 손에 쥔 방사능 탐지기는 정상수치를 나타내고 있었다.

방사능 이야기

후쿠시마 원전사고 이후 끊임없이 방사능 문제가 거론되어 왔다. 방사능에 대해서라면 무엇보다 먼저 올바른 이해가 중요하다. 수많은 식품, 수많은 물질에서 방사선이 나올 뿐 아니라, 우리는 항상 방사능과 함께 살고 있다는 사실을 모르면 방사선이 있다는 얘기만 들어도 다리가 후들거린다. 방사능은 유무가 아니라 어느 정도 있느냐 하는 것이 문제인 것이다. 2011년 3월 11일의 후쿠시마 사고 이후, 방사능 이야기가 일반인들을 종종 공황상태에 몰아넣었다.

2012년 국내의 한 민간 환경단체가, 모회사의 분유 제품에서 인공방사선이 검출되었다고 문제를 제기했다. 후쿠시마 원전사고의 여파로 방사능에 대해 민감했던 때라 이해가 부족한 국민들은 당연히 놀랄 수밖에 없었다. 이를 검사했던 K 교수는 세슘(Cs137) 0.391Bq(베크렐)/kg은 신생아가 먹어도 문제없을 만큼의 극소량이라고 밝혔지만, 이 단체는 진상조사를 요구했다. 식품에서 방사선이 나온다는 사실을 모르는 일반 국민은 전문가의 말에도 불구하고 불안감을 떨쳐내지 못했다. 앞서 얘기한 2g짜리 마른 멸치 한 마리와 비교하면 460분의 1에 지나지 않는다. 해당 분유 1kg들이 460통을 먹으면 멸치 한 마리 먹은 정도에 해당한다. 전혀 문제 되지 않는 수준이다. 그러나 불매운동으로 회사는 곤욕을 치러야 했다. 이런 논란은 언제든지 또 일어날 수 있다.(박정균, 《원자력과 방사성 폐기물》, 도서출판 행복에너지, 2017, 16쪽.)

방사선은 자연방사선과 인공방사선으로 분류한다. 어떻게 피폭되느냐의 문제이며 그 외의 영향력이나 의미의 차이는 없다. 음식으로 섭취한다든가 비행기를 이용할 때나 등산할 때, 건물의 콘크리트에서 나오는 것과 같이 일상생활 속에서 피폭되면 자연방사선이라 하고, 병원의 X-Ray나 CT 촬영 등과 같은 인공적인 것에 피폭되는 것을 인공방사선이라 한다.

유통식품에 허용되는 방사선은 kg당 세슘 100Bq(베크렐), 요오드 100Bq(베크렐)이다. 후쿠시마 사고 전에는 kg당 370Bq(베크렐)로, 그것도 낮은 수준이지만 사고 후 더 강화되었다. 미국은 kg당 1,200Bq, 유럽은 kg당 500Bq(베크렐)이다. 코덱스 권장 기준은 kg당 1,000Bq인데, 우리나라는 코덱스의 10분의 1이니 국제기준에 비해 지극히 엄격하다.

법적으로 허용되는 연간 인공방사선의 피폭한도는 일반인 기준

1mSv(밀리시버트)다. 세슘(Cs-137)은 약 77,000Bq(베크렐), 아이오딘(요오드, I-131)는 약 45,400Bq(베크렐), 음식물에서 주로 검출되는 칼륨(K-40)은 약 161,000Bq(베크렐) 정도면 1mSv(밀리시버트)에 해당한다. 마른 멸치에 들어있는 폴로늄(Po-210)이란 놈은 833Bq(베크렐)이면 1mSv가 되니 보통 강력한 녀석이 아니다.

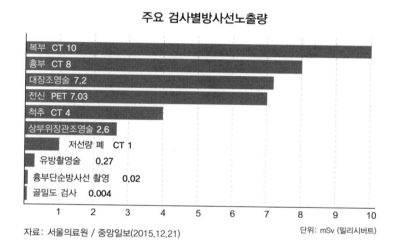

주요 검사별방사선노출량

자료: 서울의료원 / 중앙일보(2015.12.21)   단위: mSv (밀리시버트)

1mSv(밀리시버트)만큼 피폭된다는 것은 어느 정도를 말하는 것일까? 가슴 X-Ray 1회 촬영하는 데 약 0.07~0.1mSv이므로 최대 14회 정도 촬영하면 법적 허용치의 한계에 해당한다고 보면 된다. 그림과 같이 복부CT 촬영 시 10mSv로 한도를 몇 배나 초과한다. 100mSv(밀리시버트) 이하 낮은 수준의 선량에서는 질병과 방사능의 인과관계가 관찰된 바 없다.

그런데 왜 한도는 100mSv가 아니고 1mSv일까? 그 이유는 100mSv 이하는 안전하다고 판단되므로 극단적으로 낮은 기준을 설정함으로써 일반인의 안전에 역점을 둔 것이다. 그러니 1mSv를 초과하는 것이 절대적으로 위험하다는 의미는 아님을 이해할 수 있을 것이다.

따라서 법적으로는 1mSv와 1.1mSv는 합법과 위법으로 분명히 구분될 수도 있지만, 법적인 잣대를 쓰는 경우가 아니라면 둘의 차이 0.1mSv는 큰 의미가 있는 것은 아니라 하겠다. 예를 들어 병원에서 복부 CT 촬영을 1회 하면 10mSv로 기준치를 9배나 초과하지만, 그렇다고 CT 촬영이 불법이 되거나 치명적인 영향을 주는 것도 아니다. 따라서 그런 치료는 계속 행해진다. 방사능 측정치는 유연하게 생각할 필요가 있다.

일반인의 암 발생 가능성은 25%다. 방사선에 노출될 경우 가능성은 100mSv당 0.5% 높아진다. 200mSv에 노출되면 암 발생 확률은 25+200×0.5/100=26%가 되는 것이다. 항상 생활권에 존재하는 자연방사선에 노출되는 정도는 한국인의 경우 연간 3~3.4mSv로 세계 평균 2.4mSv에 비해 약간 높은 편에 속하며, 그중에서도 화강암지대인 경기남동부, 대전, 충북 등의 지역이 높다.

그런데 이해하기 어려운 곳이 있다. 체르노빌의 야생동물처럼, 사람도 높은 수준의 방사선량에 적응하며 살아가는 지역이 있다. 우주에서 입사하는 방사선이 많은 핀란드의 경우 연간 자연방사선량은 약 7mSv까지 이르기도 하고 브라질의 구아라파리(Guarapari)시의 시민들은 연평균 10mSv의 자연방사선에 노출된다.

가장 대표적인 사례로 이란의 람사르(Ramsar) 지역 주민은 연평균 260mSv의 방사능에 피폭된다. 그런데도 이런 지역의 주민들이 오히려 방사선에 의한 피해를 입지 않고 건강하게 생활하고 있다. 이들은 큰 이상이나 질병이 없이 타 지역 주민들보다 방사선에 의한 세포 손상에 더 저항성이 강하며 높은 방사능 수치에도 잘 적응하며 살고 있다. 브라질의 고준위 방사선에도 동식물들이 잘 적응한다거나, 그보다 높은 방사능에 피폭되고도 신체에 이상 없이 귀환하는 우주비행사들의 예를 보면, 앞으로 연구가 필요하지만, 저선량의 자연방사선에 장기적으로 피폭당해도 인체는 잘 견디는 것을 보여 준다.

그리고 이런 사실은 LNT(Linear-No-Threshold)가설이 근거가 없다는 것을 반증한다. LNT 가설에서는 "위험과 안전을 구분하는 경계가 되는 값(문턱값 : Threshold)이 없다. 따라서 아무리 적은 양의 방사선이라 해도 비례해서 위험하다."라고 주장한다. 하지만 검증되지 않은 LNT 가설은 신뢰하기 어렵게 되었다.

드네프르강의
눈물

12장

원전 비중을 확대하는 국제사회

국제사회는 원전을 택한다

2021년 9월 28일 기준 국제원자력기구(IAEA)에 의하면 전 세계의 원전을 운영하고 있거나 건설 중인 국가는 38개국이며, 호주와 인도네시아는 원전 운영을 검토 중이다. 미국이 가장 많은 93기의 원전을 운영 중이며 전 세계적으로는 444기의 원전이 가동되고 있고, 건설 중인 원전은 50기에 이른다.

우리나라는 2020년 말 기준 24기, 총용량 23.25GW의 원전을 보유 중이다. 2024년 28기를 정점으로 그 이후는 탈원전 정책에 따라 점차 줄인다는 계획이다. 2030년까지 누적으로 11기의 원전을 폐기한다는 계획이다.

국제적으로 탈원전의 기류는 이미 상당한 변화를 보여 왔다. 유럽 내 탈원전의 대표적인 국가 스웨덴이 탈원전에서 이미 돌아섰다. 유럽연합이나 유럽의 각국 그리고 국제기구들도 이젠 원전이 환경이나 경제성과 에너지 안보상 필수적임을 시인하고 있다. 또 온실가스 저감을 위해서도 원전이 필수적이라는 인식이 확산되고 있다. 이런 분위기 속에서 각국은 전체적으로 원전의 비중을 높여가는 데 방점을 두고 있다.

독일

독일은 아직 탈원전 정책을 포기하지 않았다. 현재 6기의 원전을 가동 중인데 2022년까지 가동하고 2023년부터는 원전 가동을 완전히 멈춘다는 계획이다. 석탄발전은 2038년까지 운영하기로 되어 있다.

하지만 2021년 3월, 독일 감사원은 원전을 중단할 경우 2020년 ~2025년 중 독일이 직면할 가능성이 있는 문제를 지적했다. 4GW 규모 정도의 용량 부족에 따른 전력 공급 부족, 전기요금 상승, 전력망 설비의 문제다. 독일의 전기요금은 한국의 3배로 세계에서 가장 비싸다. 이 외에도 온실가스 저감의 문제는 지금도 따라다닌다. 그리고 지금도 전력 부족이 일상화되었다. 《조선일보》 2021.6.26. 〈탈원전 완료 1년 앞두고… 독일 감사원, 전력 부족사태 경고〉

태양광발전이 가능한 낮에는 전력이 남아서, 태양광발전이 안 될 때는 전력이 부족해서 수급불균형이 항상 나타난다. 바람도 없고 비가 와서 태양광발전과 풍력발전이 둘 다 안 될 때는 대정전의 위기를 맞기도 한다. 잉여전력 저가 판매로 인한 국가손실도 매년 2

조를 넘는다. 독일 내 에너지 전문가들은 원전 가동을 연장할 것을 요구하고 있는 실정이다.

독일이 에너지 전환정책에 성공한 나라인 것 같지만 그것에 대해 공감하기 어렵다. 공동 전력망이 있기에 부족한 전기를 이웃의 프랑스 전력에 의존한다. 독일 에너지 전환정책에는 표를 구하는 정치가들과 이익집단들의 관계도 작용하고 있다. 그러나 한국은 섬과 같이 고립된 나라다. 유럽 국가들처럼 주변국과 공동 전력망으로 남거나 부족한 전기를 주고받고 할 수 없는 실정이다. 우리 자력으로 에너지 수급 정책을 최대한 펼쳐나갈 수 있어야 한다.((조선일보)

2021.6.26. 〈탈원전 완료 1년 앞두고… 독일 감사원, 전력 부족사태 경고))

프랑스

프랑스가 14기의 원전 증설을 계획하고 있다는 기사가 눈길을 끈다. 프랑스는 원전 강국이며 한 때 원전의 전력 비중이 78%에 이르기도 했으나 재생에너지 확대의 흐름에 편승해 점차 원전 비중을 축소한다는 계획이었다. 2020년의 원전의 전력 비중은 67%였고 한 때 50%대로 낮아지기도 했다.

그러나 최근 에너지 파동이 일자 원자력과 수소발전에 역점을 둔 정책으로 급선회하기에 이르렀다. 14개의 대형 원전 외에도 소형 원전을 개발해서 2050년까지 탈탄소를 달성한다는 계획이다. 탈탄소에 원전이 가장 적합한 대안임을 다시 한번 확인한 것이다. 소형 원자로 개발은 앞으로 각국이 앞다투어 뛰어들 분야다.

한국과 프랑스는 극과 극으로 정반대의 행보를 하고 있으니, 두 나라 중 하나는 크게 후회하게 될 상황이다. 14개의 대형 원전 건설과 소형 모듈 원자로(SMR) 개발에 착수하는 프랑스, 그리고 2030년까지 총 11기의 원전을 없앤다는 한국, 분명 후회할 나라는 한국이 될 가능성이 100%다. 최고의 기술을 가진 나라가 한국이었다는 한 맺힌 말이 입에서 사라지지 않는다.

그런데 '중소형 원전' 하면 한국이 개발한 SMART를 생각하지 않을 수 없다. 우리의 원전 기술진은 각국의 개발 경쟁을 따돌리고 가장 먼저 소형 원자로 SMART를 개발하였으나, 현재는 탈원전 정책으로 좌초될 위기에 처해있다. 최대 산유국 사우디아라비아에 SMART로 원전 수출의 쾌거를 기대하는 순간을 기대하다가 벽에 부딪혔다. 에너지 대국 사우디아라비아에 우리의 원전으로 에너지를 수출하게 되다니, 기적이 또 한 번 일어나는 것 아닌가? 위대한 역사의 순간 앞에서 멈춰서 버린 것이다. 탈원전이 아니었다면 우리의 원전은 지금쯤 세계를 휘젓고 있었을 것이다.

사우디아라비아와 아시아
사우디아라비아는 우리의 원전기술을 배우려고 50명의 전문인력이 가족과 함께 우리나라에 3년간 머물면서 기술을 습득했다. 대신 우리는 사우디아라비아에 원전 수출의 길을 트는 조건이었다.

그렇게 사우디아라비아에 건설하고자 했던 것이 바로 세계에서 가장 먼저 개발에 성공한 소형 원전 SMART였다. 이것은 건설비가 3조 원대로 기존의 대형 원전보다 부담이 적기 때문에 개발도상국을 포함해서 많은 나라들이 채택하기가 용이하다. 원전 붐을 조성할 만한 것이다. 아시아는 요르단, 태국, 사우디아라비아 등이 검토 중이다. 대만은 2018년 국민투표로 탈원전을 폐기하였다.

영국

영국은 13기의 원전을 건설해서 2050년까지 탄소중립을 이룬다는 계획이다. 2020년 7월 톰 그레이트렉스(Tom Greatrex) 영국 원자력산업협회(NIA) 회장은 "원자력발전 산업은 영국뿐 아니라 전 지구가 직면한, 탈(脫) 탄소라는 거대한 도전의 판도를 뒤집을 수 있는 산업이다. 게다가 원전은 지금 세대는 물론 미래 세대에도 엄청난 커리어를 제공할 수 있다."라고 피력했다. "'탄소 중립(탄소 순배출량 제로·net zero)'을 달성하려면 원전이 필요하다. 원전 없이 이를 달성하기는 불가능하다."라고 밝혔다. 탈원전을 선언했던 영국 정부가 원전 지지로 완전히 입장을 바꾼 것이다.

영국 정부는 자국 내 배출되는 온실가스를 최대한 줄이고, 2050년에는 어쩔 수 없이 배출하는 탄소는 포집해 총배출량을 '0'으로 만든다는 '2050 탄소중립'을 선언했다.(《조선일보, ChosunBiz》 2020.7.19. 〈영국, 탄소 제

인도

인도는 23기의 원전을 보유하고 있고 6기의 원전 건설을 추진 중이다. 원전 건설에 한국과 협력을 원한다고 했지만, 미국이 6기의 인도 원전을 수주하는 것을 보고만 있어야 했다.

2024년이면 인도 인구는 중국을 추월하고 총GDP 역시 중국을 추월해 G2의 위치를 차지할 것으로 예상되고 있다. 뱀 같은 지혜로 인도와의 관계 강화와 확대에 관심을 두는 것이 필요하다.

일본

일본도 소형 원자로를 통해 탈탄소 정책을 추진하기로 한다. 탈원전으로 2%까지 낮아졌던 원전의 전력비중을 다시 22%까지 높이기로 하였다. 원자탄으로 두 번 폭격당한 일본, 쓰나미로 대형 원전사고를 경험한 일본은 탈원전이 불가능한 것을 알고 다시 원전을 늘려 가고 있다. 그런데 우리는 남이 포기하고 등 돌리는 정책을 뒤늦게 따라가며 스스로 주저앉고 있다.

미국

미국은 원전산업을 보호하려고 보조금까지 지급한다. 미국은 세일가스 개발로 400년 사용할 에너지를 확보했음에도 불구하고 원전을 지켜나가고 있다. 총 93기의 원전 중 6기는 80년까지 가동하기로 결정하고 나머지 87기는 수명 60년까지 가동하기로 되어 있다. 그런데 그중 일부는 80년까지 가동 연장을 고려 중이다. 전체 평균 나이가 41년이며 최고령 원전은 1969년 12월 상업운전을 시작한 뉴욕주의 나인 마일 포인트 1호기로 거의 52세가 되었다.

반면 2017년 6월 19일에 가동을 영구 정지한 고리1호기는 가동을 마감하던 그날이 39번째 생일이었다. 월성1호기는 1983년에 상업운전을 시작했는데 불과 35년 만에 경제성이 없다고 가동을 중단하게 되었다.

한국과 미국 두 나라의 원전 정책이 극명하게 대비된다. 미국은 원전 시장에도 적극적으로 가담하고 있다. 인도의 원전을 수주했으므로 기술축적이 이뤄질 것이다. 한국의 원전 시계는 멈춰 서 있다. 우리가 이들 나라에 추월당하는 것은 시간문제 아닌가? 아니 지금 추월당하고 있는 상태다.

폴란드

폴란드는 프랑스의 적극적인 구애를 받으면서 원전 건설을 추진 중이다. 프랑스가 30조 원 지원이라는 파격적인 제안으로 폴란드에게 다가가고 있다. 4기에 6.6GW 45조 원의 규모인데 6기에 9.9GW, 67조 원 규모로 결정될 수도 있단다. 한 기당 2만 5천 명의 고용효과가 발생한다. 미국도 힘을 쓰고 있다. 한수원이 참여한다고 하지만 탈원전의 나라에 행운이 따를지 모르겠다.

우크라이나

우크라이나의 국영 원자력 공사 에네르고아톰사가 미국 웨스팅하우스사에 AP1000 모델 원전 5기를 발주했다. 당초 한국의 APR1400을 채택할 의사가 있었지만 독점 건설 계약은 미국의 몫이 되었다.

그러나 다행히도 미국이 1979년 TMI원전사고 후 원전 건설 경험이 없고 지난 5월 한미 정상 간에 공동성명으로 원전 시장에 함께 진출한다는 내용을 발표한 바 있어 두산중공업의 수주로 이어질 것으로 보인다.

최근 원전에 대한 긍정적인 인식이 늘어남과 함께 우크라이나의 원전 건설이 이뤄져 앞으로 해외 원전 시장이 빠르게 확대되는 계기가 될 수 있다. 우크라이나는 줄곧 러시아의 에너지 무기화에 시달려온 나라다. 앞으로도 원전을 더욱 확대하려 할 것이다.

캐나다

캐나다는 비용이 많이 소요되는 신규 원전보다 기존 원전의 설비를 개선해서 수명을 30년 연장시켜 가동한다. 달링턴 2호기는 이미 가동에 들어갔으며 추가로 달링턴 1·3·4호기와 브루스 3~8호기 등 총 19기의 원전 중 10기에 대해 설비 개선 후 수명 연장을 추진할 방침이다.

설비 개선의 경우 신규 원전 건설에 비해 비용이 절반 정도밖에 안 들어간다. 월성 원전의 정비를 벤치마킹한 캐나다의 달링턴 원전 2호기는 가동 기간을 30년 연장하였는데, 정작 월성1호기는 가동을 마감한다. 《《조선일보》 2020.4.22. 〈원전 3년 보수해 30년 더 쓰는 캐나다…설비 개선 마친 월성1호기는 폐쇄 결정〉》

캐나다는 탄소중립을 위해 정부 차원에서 장려하고 있어 각 주 정부는 기존 원전보다 안전한 SMR을 건설하려는 움직임이 활발하다. 미국 웨스팅하우스, GE, 영국의 롤스로이스뿐만 아니라 프랑스 등 세계 각국의 기업과 기관들이 들어와 있다. 사실상 캐나다가 차세대 원자로 개발 각축장으로 급부상한 것이다.《《파이낸셜뉴스(fnnews.com)》 2021.7.19. 〈빌 게이츠도 탐낸 K-SMR, 캐나다 시장 뚫었다.〉》

유럽의회

유럽의회는 2050년 유럽의 탄소 배출 총량 제로(0)를 달성하기 위해 2019년 12월 결의안을 채택하였는데 제59조에서 "온실가스를 배출하지 않는 원전은 기후 변화 목표 달성에 역할을 할 수 있고 유럽 전력 생산의 상당량을 확보할 수 있다."라고 명시했다. 국제사회가 체르노빌 사고와 후쿠시마 사고의 충격에서 완전히 벗어났음을 보여 준다.《《한경》 2019.12.6. 〈脫원전 유럽 原電 유지로 돌아섰다.〉》

과거 가난했던 아프리카와 아시아 그리고 동유럽 나라들의 경제가 향상되면서 원전에 대한 수요는 점차 늘어날 전망임에 틀림없다. 소득과 에너지 소비는 거의 예외 없이 정비례의 관계가 나타난다. 국제기구들의 보고서도 이런 내용을 뒷받침한다. 소득과 에너지의 상관관계를 보여주는 그래프를 보면 그런 내용을 더 선명하게 볼 수 있다.

아프리카

아프리카는 현재 남아프리카공화국의 쾨버그 원전 2기가 전부지만 안정적 전력 공급에 대한 수요가 커지고 원전 건설을 검토하는 국가가 늘고 있다. 미국 폭스뉴스에 따르면 아프리카 대륙에서 20국 이상이 원전 개발을 추진 중이다. 아프리카에 '원전 바람'이 불기 시작한 것이다. 대표적인 곳이 짐바브웨와 잠비아다. 두 나라는 지구온난화로 수력발전량이 줄어들어 전기 공급에 차질을 빚게 되자 원전 건설을 고려하고 있다. 케냐·에티오피아도 비슷한 상황이다.

러시아

러시아와 중국이 기회의 땅 아프리카에서 원전 시장을 휘젓고 있다. 러시아는 세계 12개국에서 무려 36기의 원전을 건설 중이다. 러시아는 이집트 4기, 나이지리아 2기를 비롯해 가나, 르완다, 짐바브베 등과는 원자력에 관한 협력에 합의했다. 중국은 최근 몇 년 사이 이집트·케냐·수단·남아공 등과 원전 공동 개발에 대한 MOU를 체결하며 영향력을 넓히고 있다.(《조선일보》 2020.4.21. 〈아프리카에 불기 시작한 原電바람… 러·중국이 다 쓸어갈 판〉) 선점 경쟁이 치열한 때에 한국의 원자력은 어디 갔나? 마음속으로 발만 동동 구른다.

중국

중국은 1990년대까지 에너지 수출국이었으나 경제 성장으로 에너지 소비가 늘어나자 에너지 수입국으로 바뀌었다.

국가별 소득과 에너지 소비량의 상관관계

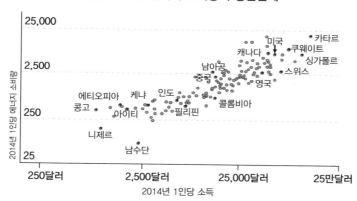

소득과 에너지 소비량은 서로 밀접한 관계가 있다. 데이비드 맥케이는 1인당 에너지 소비와 1인당 소득의 관계를 나타내는 그래프를 보여주었다. 이 둘의 상관관계는 너무나도 명백하다. (IEA, World Bank)

원전뿐만 아니라 재생에너지를 포함, 모든 수단을 동원하여 절실한 에너지 확보에 힘을 쓰고 있다. 일대일로라는 거대한 사업의 기저에도 안정적 에너지 확보라는 절체절명의 어젠다가 깔려 있다.

하지만 최근 호주와의 석탄 분쟁이란 최대의 악수를 두어 순환정전을 실시하는 어려운 처지에 놓여있다. 중국은 가동 중인 원전 51기와 건설 중인 원전 14기를 포함, 약 150기의 원전 건설을 계획 또는 검토 중인 것으로 알려져 있다. 원전뿐 아니라 재생에너지에도 큰 노력을 기울이고 있다. 태양광이나 풍력 등 중국산 제품이 많은 나라들의 재생에너지 시장을 잠식하고 있기도 하다.

한국

한국수력원자력과 원자력연구원이 함께 자체 개발한 중소형 일체형 원자로 '스마트'(SMART)는 2012년 소형 원자로로는 세계 최초로 표준설계인가를 받았다. 대형 원전의 약 10분의 1로 소형화하고 안전성을 높였다는 특징이 있다. 사우디아라비아의 원전 건설에도 채택될 예정이었다. 그러나 문재인 정부 들어 사업이 진척을 보이지 못했다.(《조선일보 조선비즈(chosun.com)》 2021.6.5. 빌 게이츠가 택한 '나트륨 원전', 핵폐기물 95% 줄고 연료비 획기적 절감)

현대엔지니어링과 한국원자력연구원은 캐나다의 앨버타주와 SMR용 SFR 개발을 위한 양해각서(MOU)를 체결했다. 향후 원전 시장의 게임체인저가 될 SMR 시장에서 비경수로형 SMR의 설계인증을 얻는 것은 시장의 주도권을 가름하는 중요한 일이다. 원전 선진국인 캐나다와 함께 이 사업을 추진함으로써 한국이 캐나다와 함께 그 주역이 될 가능성이 열렸다고 볼 수 있다.

SMR시장은 2030년경 상용화가 이뤄지고 2035년 시장규모는 390조 내지 620조에 이를 것으로 추측되며 세계의 원전 수출국들이 눈독을 들이고 있다. 우리 원전기술진들이 이 시장에서 다시 한번 세계의 주목을 받고 미래 시장을 향한 큰 걸음을 내딛길 기원한

다.（《파이낸셜뉴스》 2021.7.19. 〈빌 게이츠도 탐낸 K-SMR, 캐나다 시장 뚫었다.〉）

원전을 가동할 나라는 계속 늘어날 것이다. 안보와 경제는 선택이 아니라 필수이므로 그렇게 될 수밖에 없다. 원전 선진국들은 시장 개척에 많은 열을 올리고 있다.

요즘 건설하는 원전은 1차 운전기간이 60년이며 20년 정도 더 가동하여 80년간 운영된다. 우리가 해외시장을 선점하면 80년간 고용효과와 수출효과 등을 누리게 된다. 하지만 반대로 경쟁국에 뺏기면 80년간 그 시장을 놓치게 된다. 사실상 아주 뺏기는 것이다. 해외시장이 우리에게서 완전히 멀어져가기 전에 탈원전 정책이 종료되길 바란다.

아무튼 이와 같이 국제사회에서 원전 건설과 원자로 개발의 기류가 점점 더 확대되고 있다. 근래의 에너지 파동까지 더해, 재생에너지의 맹점을 해결할 수 없음을 새삼 깨달은 것이다.

지금 때를 놓치지 말아야 하는 것은 SMR 등 다양한 원자로의 개발, 해외시장 개척과 연료 처리 기술의 완성 등이다. 미래의 에너지는 충분해야 하고, 친환경적이며, 경제적이며 안정성이 있어야 4차 산업 시대에 부합될 것이다. 그런 점에서도 원전을 따라올 에너지가 아직은 없다.

원전 수요가 머지않아 폭발적으로 증가할 수밖에 없는 것은, 각국의 에너지 자립을 가능케 하는 것이 원전이기 때문이다. 우크라이나처럼 외국에 간섭받지 않고, 작은 나라도 스스로 자립할 수 있는 것이 원전이다.

또 SMR이 상용화되면, 건설비용이 저렴하므로 어느 나라든 원전을 도입하는 것이 보다 용이해지므로 더욱 많은 나라들이 원전을 도입하려 할 것은 시장 원리상 너무 뻔한 일 아닌가? 아시아, 아프리카, 동유럽의 수많은 나라들이 고객으로 등장할 것이다. 지금까지 가장 앞서가는 원전기술을 가진 나라인 한국이 이런 시장에서 도태된다는 것은 참으로 생각하기조차 싫다.

H, 수소경제도
원전이 뒷받침한다

수소는 미래사회를 뒷받침할 새로운 에너지 대안으로 약 50년 동안 꾸준히 부각되어 왔다. 마크롱 프랑스 대통령은 원전과 함께 수소를 미래를 위한 에너지로 꼽았다. 국제사회와 마찬가지로 우리나라도 수소차 부문에선 세계에서 앞서갈 정도로 수소에너지의 시대를 열심히 준비하는 나라다.

인공태양 부문에서도 선도하고 있으니 어찌 보면 우리나라가 에너지로 영향력 있는 세계의 핵심 국가로 부상하는 것은 예정된 일이 아닐까? 이것은 단순한 바람이 아니라 서서히 현실로 다가오고 있는 것 같다.

수소에너지란 수소가 산소와 결합하면서 물이 될 때 방출하는 에너지를 말한다. 그리고 이것을 전기에너지로 변환시켜 사용하게 된다. 이 경우 배출되는 것은 물밖에 없어서 환경오염의 문제가 생기지 않는다.

수소는 자연 상태에서 홀로 있지 않고 화합물의 형태로 존재한다. 따라서 기존 화합물로부터 분리해내야 수소를 얻을 수 있는데, 대표적으로 물을 전기분해하는 방법을 쓴다. 물은 어디에나 있어서 고갈될 걱정이 없고 공짜로 얻을 수 있으므로, 효율적으로 수소를 생산할 수 있다면 획기적인 에너지 혁명이 일어나는 것이다.

문제는 경제성이다. 이미 수소에너지는 사용되고 있지만 아직은 경제성이 충분하지 않다. 깨끗한 수소를 싼값에 생산할 수 있어야 한다. 이런 이유로 다시 한번 원전의 뛰어난 경제성이 부각된다. 전기분해를 할 경우, 태양광이나 풍력발전에 비해 원전에서 만든 전기가 경제성에서 비교가 되지 않으니 원전을 쓸 수밖에 없다. 결국 수소경제를 뒷받침하는 것도 아직은 원전에 의존하는 방안이 가장 효율적인 방식이다.

원자력은
가난한 이들을 위한 선물

지구온난화로 매년 한반도만 한 넓이의 땅이 사막화되고 있다. 그로 인해 아프리카 등지에서는 기아와 질병에서 벗어나기가 쉽지 않다. 사실 대기오염이나 온실가스는 선진국들의 경제 성장이 빚어낸 것이다. 전 세계의 온실가스는 이산화탄소 환산톤수로 연간 약 510억 톤이 배출된다. 부문별로는 제조 과정에서 31%, 전력생산에서 27%, 사육과 재배의 과정에서 19%, 교통과 운송에서 16%가 배출되며, 냉난방으로 7%가 배출된다. 구성을 보면 전적으로 선진국의 책임임을 알 수 있다.

원전은 하늘이 내린 꿈의 에너지다. 값싸고 친환경적이다. 앞으로 아시아와 아프리카의 가난한 나라에서 에너지와 환경뿐 아니라 기아와 질병까지 극복하는 데도 기여할 것이다. 사막을 녹화시켜 자연을 건강하게 회복시키는 데도 이바지할 것이다. 바로 '인류 보편적 가치의 구현'이라는 대명제에 부합하는 꿈의 에너지가 될 것이다.

우리나라가 소듐냉각고속로(SFR)를 개발하면, 우라늄 238과 플루토늄을 연료로 사용하므로 기존 원전에 비해 사용 후 핵연료가 95%까지 줄어든다. 이미 사용하고 저장 중인 연료를 다시 사용할 수도 있다. 가압경수로는 우라늄 235를 연료로 쓰는데 천연우라늄 속의 0.7%에 지나지 않는다. 거의가 우라늄 238이다. 따라서 소듐냉각고속로는 획기적인 연료 확보의 길을 트는 것이다. 물론 재생에너지를 반대할 필요는 없다.

하지만 원전이 최선의 대안인 것은 태양광과 풍력발전이 내포하고 있는 발전량 또는 환경이나 간헐성 문제를 갖고 있지 않다는 점에 있다. 지구온난화와 기후변화의 위기를 해결하는 데 원자력이 단연 최선의 대안이다. 이뿐만 아니라 원자력은 자동차 매연이나 화석연료의 공해보다 사람에게 훨씬 적은 해를 끼치는, 현실적인 최선의 에너지원이다.

13장

맺음말

제2의 '한강의 기적'을 바라며

우리나라는 인구밀도가 대단히 높다. 따라서 고밀도 에너지를 사용하는 것은 너무 당연하다. 태양광이나 풍력발전같이 발전량이 부족하고 불안정하며 넓은 땅이 필요한 에너지는 생산효율 면에서 등급이 낮은 편이다. 근본적으로 국토가 좁은 우리나라에는 주요 에너지원으로 부적합하다.

원전이 없다면 거의 전량의 에너지를 수입에 의존해야 하는 우리나라에서는 이런 빈곤한 에너지에 무리하게 비중을 두면 에너지 정책은 파행을 겪게 된다. 우리가 상대적으로 우위에 있는 원전을 위주로 에너지를 운용하는 것이 현명한 선택이다.

방사능에 대해서도 제대로 된 교육을 시행하여야 한다. 방사능 소리만 들어도 공포에 휩싸이는 우매함을 버려야 한다. 모 방송국이 제작한 프로그램에서 체르노빌의 '핫 존(hot zone)'에 사람이 거주하는 것을 본 것은 참으로 의외였다. "친구 중에 방사능으로 죽은 사람 없어! 우리는 방사능에 대해 아무것도 모르고 살았고 무섭지 않아!"라고 지역 주민은 간단히 잘라 말했다.

그동안 원자력계와 원전을 지지하는 시민사회의 부단한 노력으로 국민들은 원전의 필요성을 많이 깨우쳤다. 국민의 74.1%가 원전 유지 또는 확대에 찬성하니, 탈원전이 타당하냐는 논쟁은 오래 전에 이미 결론이 났다. 그런데도 문재인 정부는 탈원전 정책을 내려놓을 기미가 보이지 않는다. 임기를 불과 3개월여를 남겨놓은 상태이건만, 점점 더 고삐를 죄고 있다. 왜 이리 악착같이 원전을 없애는 방향으로 한 걸음이라도 더 가려고 하는 걸까? 무엇인가 복안을 숨기고 있는 것 같아 우려스럽기도 하다.

지난 5월에 부임한 한전기술의 김성암 사장이 조직을 개편한다고 하면서 원자로설계개발단을 해체하려는 움직임을 보였다. 아무리 탈원전 정책을 지속해왔다지만 그래도 원자력계와 시민사회는 여론조사에 의지해 정권이 바뀌면 원전산업이 회복된다는 희망을 갖고 있었다. 그런데 원자로설계개발단을 해체하는 것은 우리의 원자력 기술을 뿌리부터 잘라버린다는 의도다. 청천벽력이다.

이것은 정책이 아닌 파괴행위다. 대통령은 해외에서는 한국원전 안전하고 우수하니 사라고 하면서 한편으로는 원전산업을 완전히 무너뜨리는 이율배반적인 행태를 보이고 있다. 시민사회와 원자력인들의 반발이 거세다. 그들은 이것이 대한민국의 원전설계 기술을 영구적으로 매장하는 것이며, 탈원전 기조를 다음 정부에서도 이어가게 하려는 탈원전 대못박기라고 지적했다. 원자력계와 원전을 지지하는 시민사회의 강한 반발에 한전기술측은 일단 원자로설계 개발단 해체 움직임을 중단했다. 다행이다.

원자로설계개발단은 1985년부터 원자로 핵심기술 자립을 이끌어온 조직으로, 한국형 표준 원자력발전소 12기를 설계했고 APR1400원전을 개발, 국내에 4기를 건설하고 아랍에미레이트연합에 4기를 수출했다. 원자로설계개발단을 해체할 경우 우리나라의 원자력발전소 설계기술이 소멸되며 핵심기술은 해외로 유출되고 말 것이 뻔한 일이다.

탈원전 논란으로 몇 년을 이끌어오는 동안 사실과 과학은 묻혀버리고 말았다. 감사원은 월성 원전 1호기의 감사 결과 경제성이 불합리하게 낮게 평가됐다고 결론지었다. 원전 건설 예정지의 지역경제는 참담한 실정이다. 취업률 95%에 전국 인재가 몰리던 마이스터고는 신입생 미달사태를 겪었다. 원전 지역 주민들은 방사능 괴담 퍼뜨리지 말라며 분노를 드러낸다.《한국경제》 2020.10.21. 〈[사설] 조작·은폐로 끌어온 탈원전 정책, 지속할 명분 있나》)

원전산업에 거액을 투자한 기업들은 원금 회수도 못한 채 눈물을 머금고 사업을 접고 있다. 《한경닷컴》 2020.6.22. 〈원전 생태계 이젠 끝장…폐업 준비하는 부품사들〉 정녕 우크라이나가 지나온 길을 스스로 택하려고 하는가? 60년간 쌓아온 기적의 신화를 짓밟고, 드네프르강의 눈물처럼 한강의 눈물을 보려고 하는가?

지금은 분명 눈앞에 도래한 원전 중흥의 시대를 직시하고 폭발적인 수요 증가를 코앞에 둔 원전 시장에 대비하는 지혜가 요구되는 때다. 한강의 기적을 다시 한번 더 만들 수 있는 천금 같은 기회를 놓치지 말자.

PART 2

후쿠시마 기행문

고범규

- 사단법인 사실과 과학 네트웍 정책간사
- 전 미래대안행동 에너지위원회 위원
- 전 서울대 원자력정책센터 객원연구원
- 전 정의당 김포시 위원회 부위원장
- 과학강사

필자는 11기 한총련 중앙위원으로 90년대 말~2000년대 중반까지 소위 말하는 NL 운동진영에서 학생운동을 하였다. 그리고 짧은 기간이나마 진보 좌파 성향의 문화 예술운동 단체에 몸담은 적이 있다. 또한 2002년 민주노동당에 입당한 이래로 지금까지 일관되게 진보정당 당원이었고 여느 진보좌파 성향의 인사들이 그러하듯 원자력과 핵무기에 대해 부정적 인식을 지니고 있었다. 이러한 부정적 인식은 당연히 원전은 한번 사고가 발생하면 돌이킬 수 없는 치명적인 결과를 불러온다는 믿음에 기반하고 있으며, 그 믿음 또한 방사선과 방사능물질이 양과 관계없이 매우 치명적이고 유해하다는 또 하나의 믿음에 근거하고 있다.

　그러나 아주 우연히 원자력계의 주장을 반박하기 위해 자료를 찾아보는 과정에서 문득 원자력에 대해 필자가 알고 있었던 것들이 실은 오해일 수 있다는 생각이 들었다. 그 계기는 그린피스가 주장해온 플루토늄의 위험성이 지나칠 만큼 과장되어 있음을 알게 되면서였다. 그 이후로 원자력을 두고 찬반 입장을 지닌 양측이 내세우는 근거자료를 교차 검증하는 과정에서 원자력에 대한 반대 의견을 수정하지 않을 수 없었다.

인간이 사용하는 모든 에너지원이 일정한 위험성을 담보로 하고 있으며, 각 에너지원의 수명기간 동안 환경적–사회적 위험대비 이득의 크기를 고려할 때, 아직 원자력을 대체할만한 에너지원은 존재하지 않는다는 결론에 이르렀기 때문이다.

하지만, 아직 우리 사회의 진보 좌파 진영 인사들과 평범한 시민들의 상당수는 여전히 원자력발전의 위험성을 실제보다 훨씬 크게 인식하고 있다. 공포심을 기반으로 하는 원자력발전에 대한 부정적 인식은 멀리 거슬러 올라간다면 대량살상무기인 핵무기와 원자력을 연관 지어 생각하고 있다는 점과 체르노빌 사고와 후쿠시마 사고라는 두 차례의 중대 사고에 대한 대처 방식에 기인한다.

체르노빌과 후쿠시마는 인간이 문명 생활을 하면서 겪을 수 있는 다양한 환경적 위험 요소들(대기오염, 유해성 화학물질, 생활습관 등)에 대한 종합적 비교판단보다는 이른바 "사전 예방의 원칙"에 의거하여 장기간에 걸친 대규모 피난 조치를 실시하였다. 그리고, 이는 대중에게 방사선 피폭이나 원전의 위험성을 실제보다 더 크게 인식하게 만드는 계기가 되었다.

결국, 원자력발전소에 대한 대중적 공포감의 근본적 원인은 방사선과 방사능물질의 실제 영향에 대한 정보 부재에 있다고 할 수 있다. 따라서 원자력발전에 대한 생각이 우호적으로 바뀐 이후에도 원전사고가 발생한 지역의 실제 모습을 직접 보고, 사람들에게 제대로 된 정보를 전달할 필요성을 느꼈다.

그러던 차에 '사실과 과학 네트웍'의 두 분 대표님으로부터 후쿠시마현 공동 방문 제의가 들어와 2019년 5월 27일~29일, 2박 3일간의 일정으로 후쿠시마현을 다녀오게 되었다.

그림 1. 후쿠시마시 현지 숙소 앞에서 사과넷 대표님들과 필자

후쿠시마현에서의 이동 경로는 사고 초기에 방사성 낙진이 집중적으로 내려앉는 바람에 공간 방사선량이 높았던 후쿠시마시와 후

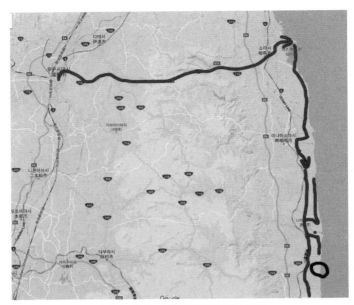

그림 2. 후쿠시마현에서의 이동 경로

쿠시마 제1원전으로부터 북쪽 방향 50㎞ 지점에 위치한 소마시, 미나미소마시, 나미에읍, 후타바읍, 오쿠마읍, 도미오카읍의 순서로 방문하였다. 특히 주된 이동 경로는 그림 2에 표시한 것과 같이 쓰나미에 의한 피해가 심각했던 소마시 마츠카와만을 비롯, 후쿠시마 원전반경 1㎞ 안쪽 지점을 통과하는 6번 국도 주변 지역들이었다.

첫날은 오카야마 대학의 슈도 스이지 박사와의 면담을 위해 인천공항에서 오카야마행 비행기를 타고 이동을 하였는데, 출발 당일 영종도 지역의 공간 방사선량은 시간당 0.23μSv(마이크로시버트)를 기록하였다.

시버트나 마이크로시버트는 방사선이 실제 인체에 끼치는 영향을 수량화한 측정 단위로 수치가 높을수록 유해하며, 낮을수록 안전하다.

우리 일행은 후쿠시마현에서의 공간 방사선량 측정을 위해 KAIST 정용훈 교수님으로부터 휴대용 간이선량계를 3일간 빌렸는데, 이러한 간이선량계는 지상에 존재하는 인공 방사능 물질과 자연 방사능 물질로부터 방출되는 감마선량을 비교적 정확하게 측정할 수 있지만, GeV(기가 전자볼트) 단위의 극히 높은 에너지를 띠는 우주방사선은 측정이 어렵다. 한편, 우주방사선과 지상의 인공 및 자연 방사능 물질에 의해 배출되는 방사선은 모두 일정 두께 이상의 공기층에 의해서도 차폐가 된다.

고도 상승에 따르는 지표 방사선의 감소와 우주방사선의 점차적인 증가 특성, 간이선량계의 특성 때문에 약 1천 미터 고도의 비행기 안에서 측정되는 방사선량은 **그림 3**에서와 같이 시간당 0.011μSv(마이크로시버트)로 극히 낮게 측정되었다. 이러한 측정 수치는 우리나라에서 측정되는 평균 공간 방사선량의 10분의 1 미만에 해당한다.

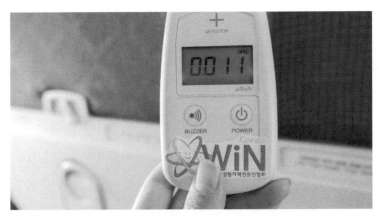

그림 3. 이륙 중인 비행기 안에서 측정된 방사선량(약 1천 미터 고도)

그러나 앞에서 언급한 것처럼 고도가 높아지면 우주방사선에 대한 대기층의 차폐효과가 떨어지기 때문에 국제선 항공기의 비행고도인 1만 미터 지점에서의 시간당 방사선량은 2~10μSv에 달하게 된다. 이러한 이유로 비행기로 유럽을 1회 왕복 여행할 경우 피폭되는 방사선량은 흉부 X레이를 1회 찍는 것과 비슷한 약 83μSv(=0.083mSv(밀리시버트)) 수준이 된다.

각 항공노선별 편도 이용 시 피폭되는 방사선량은 표 4에 표시된 것과 같다.

표 1. 노선별 편도 이용시 방사선 피폭선량

행선국	노선선량(μSv)
일본	6.2
중국	7.9
동남아시아	15.2
호주	19.0
중앙아시아	35.6
유럽	41.6
북미	60.6

(출처: 한국원자력안전기술원, 2009, 우리나라의 방사선 환경)

뒤에 후술하겠지만, 후쿠시마현에서 공간 방사선량이 가장 높았던 곳은 원전으로부터 약 1㎞ 떨어진 지점에 있던 6번 국도변에 존재하는 핫스팟이었다. 핫스팟은 빗물이나 눈이 녹으면서 지표면에 있던 방사성 세슘 화합물이 특정 지점에 고농도로 집중되어 주변보다 방사선량이 특히 높게 나타나는 곳을 의미한다. 이 지점에서의 공간선량은 시간당 최대 5μSv에 달하였으나, 우리 일행이 이러한 지점에서 머문 시간은 1시간 미만이었다.

후쿠시마 원전반경 20㎞ 이내의 나머지 지역은 대부분 우리나라의 공간 방사선량과 비슷하거나 훨씬 낮은 시간당 0.03~0.09μSv에 불과하였다. 따라서 우리 일행이 2박 3일간의 일본 후쿠시마 현지 일정에서 피폭된 방사선량은 결국 일본을 왕복하는 비행기 안에서 피폭된 방사선량보다 훨씬 낮았다고 할 수 있다.

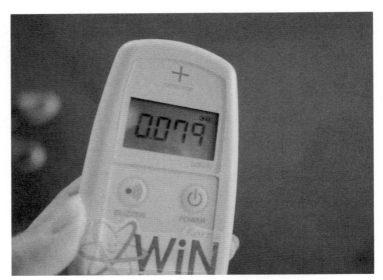

그림 4. 후쿠시마시 후쿠시마역 광장에서 측정된 공간선량.

그러나 후쿠시마 현지에 도착하여 방사선량 측정이 직접 이뤄지기 직전까지는 과연 실제로 어느 정도의 방사선량이 측정될지 궁금했었다.

특히 오카야마 대학의 슈도 스이지 교수와의 면담을 마치고 후쿠시마시로 이동을 하면서, 필자는 막연히 높은 수준의 방사선량이 후쿠시마시에서 측정될 수도 있겠다는 예측도 하였다, 후쿠시마시는 앞에서 언급한 것처럼 원전사고 초기에 바람을 타고 낙진이 내려앉아 사고 발생 1년이 경과한 시점에서도 공간 선량이 서울보다 약 10배 정도 더 높았던 도시이기 때문이다.

그러나 측정 결과는 **그림 4**에 나타난 것처럼 싱거웠다. 후쿠시마 시의 어느 지역을 돌아다니며 측정을 해도 시간당 0.07~0.09μSv 정도의 방사선량이 측정될 뿐이었다.

이는 서울에서 측정되는 공간 방사선량의 50~60% 수준에 해당하는 낮은 선량이다. 용량에 비례하여 위해성이 증가한다는 LNT(무역치 선형모델) 이론에 기반한다면, 적어도 서울보다는 후쿠시마시가 방사선 안전의 측면에서 더 안전한 도시라 할 수 있는 셈이다.

그럼에도 필자는 방사성 물질이 모여있는 핫스팟이 어딘가에 있을지 모른다고 생각하여 숙소 주변의 잔디밭이나 빗물이 고일만한 곳 등을 찾아 이곳저곳 배회하며 방사선량 측정을 하였다. 그러나 기대했던(?) 위험 수준의 방사선량은 어디에도 없었다. 어느 정도 예

그림5.
후쿠시마 대피구역 및
귀환금지 구역
(2016년 4월 기준),
적색구역이 거주금지구역

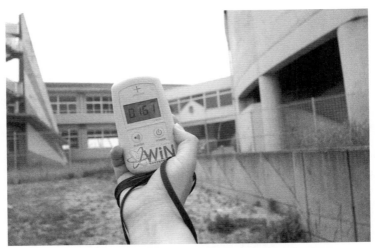
그림6. 원전반경 5킬로미터 권역인 우케도 초등학교 공간선량 ; 0.161μSv

상은 했지만, 첫날은 허탕을 치고 숙소에서 하루 숙박한 뒤, 이튿
날 본격적인 후쿠시마현 탐방을 하였다.

우리는 미나미소마시를 거쳐 나미에읍, 후타바읍, 오쿠마읍, 도미
오카읍의 순서대로 해안에 인접한 6번 국도를 따라 탐방을 하였는
데, 이 지역 역시 원전반경 20㎞ 이내라도 공간 방사선량이 서울
대비 1/4~1/2 수준으로 매우 낮았다. 이렇게 방사선량이 낮은 이
유는 이 지역이 사고 당시 바람이 불어오는 방향에 위치하지 않았
기에 낙진의 양이 적었던 점과 방사능물질이 적은 화산암을 기반
암으로 하는 일본의 지질 특성에 기인한다.

원전반경 10㎞ 이내의 권역 내로 진입을 하면서 간이선량계에 측정되는 방사선량은 비로소 서울과 비슷한 0.1~0.16μSv/h의 공간 선량을 때때로 보여주었다. 그러나 제염작업이 진행된 우케도항(원전 반경 5킬로미터 권역)의 경우는 여전히 서울보다 훨씬 낮은 0.05~0.08μSv/h에 불과한 방사선량이 측정될 뿐이었다.

다만, **그림 6**에 나타난 것처럼 우케도항 인근의 초등학교에서 0.161μSv/h의 선량이 측정되었으나 이조차도 서울 관악구의 공간 방사선량 수준에 불과했다.

그림 7. 후쿠시마현 나미에읍 제염토 저장소

나미에읍~도미오카읍 사이의 피난 구역 곳곳에는 **그림 7** 보이는 것처럼 원전사고 발생 시 가장 문제가 되는 방사능물질인 세슘 137에 오염된 표토를 제거하여 보관하는 제염토 저장소가 있었다. 방사선 피폭량은 오염원으로부터의 거리에 반비례하므로, 제염토에 아주 가까워지면 방사선량이 증가하고 어느 정도 멀리 있을 때는 선량이 감소한다. 그러나 방사능 물질인 μ137에 오염된 표토를 제거하여 보관하는 제염토 저장소 옆을 지날 때도 측정 수치가 주변과 크게 달라지지는 않았다.

　　그렇다면 원전으로부터 1킬로미터 정도밖에 떨어져 있지 않았고, 방사능 낙진도 집중적으로 내려앉았으며, 제염작업도 되어 있지 않은 6번 국도변의 핫스팟 주변은 과연 어떠했을까?

　　일본 국도 6호선을 따라 후쿠시마 원전부지로부터 1킬로미터 가량 떨어진 지점을 지나가며, 후타바읍과 오쿠마읍 일부 구간의 공간선량이 1~5μSv/h에 해당하는 꽤 높은 선량을 보였다.

　　특히 이 지역의 핫스팟에서는 그림 8에 보이는 것처럼 지면 접촉 시 9μSv/h에 달하는 방사선량이 측정되기도 하였다. 이러한 수치는 우리나라의 토양에 접촉 시 측정되는 수치와 비교할 때 20배~80배 정도 더 높다고 할 수 있다.

그림 8. 후쿠시마 원전반경 1킬로미터 지점의 핫스팟(오쿠마읍 웃토자와 지구)

그림 9. 오쿠마읍 거주금지구역

그림 10. 도미오카읍 거주금지구역 경계에 위치한 사쿠라몰 구내식당 방사
선량

그림 11. 도미오카읍 거주금지구역 경계에 위치한 사쿠라몰

그림 12. 도미오카읍 거주금지구역 경계에 위치한 사쿠라몰 외부선량

그림13. 이란 람사르 탈렛쉬 마할레 지구의 가정집

    이러한 수준의 방사선량은 생물에게 치명적인 질병과 심각한 기형아 및 돌연변이를 만들어 낼까? 그러나 이 수준의 방사선량이 측정되는 곳에서도 이상한 모양의 식물이나 기형으로 추정되는 벌레, 기타 동물들은 보이지 않았으며, 이 지역 동식물들에 대한 환경조사에서도 눈에 띄는 영향은 나타나지 않는다. 필자가 다녀간 저 핫스팟에 1년 내내 등을 붙이고 누워 지낸다면 약 79mSv 정도의 방사선에 누적 피폭이 될 것이다.

다른 사례로, 국제 습지보호조약이 체결되었던 이란의 휴양도시 람사르에서는 **그림 14**에 보이는 것처럼 가정의 침실 벽에서 시간당 142~143μSv에 달하는 방사선량이 측정되었다. 이론적으로 이 가정의 침실 벽에 1년 내내 등을 붙이고 있다면 약 1,250mSv라는 높은 선량에 피폭이 된다. 그러나 사람은 실제로 이런 방식으로 생활하지 않기 때문에 이 집에 거주하는 주민의 연간 피폭선량은 260mSv로 조사되었다.

이렇게 높은 방사선량이 가정집에서까지 측정되는 이유는 이 지역에 토륨 등 자연방사능 물질 함량이 높기 때문이다. 그러나 이런 곳에서도 사람이나 동식물들이 병에 걸려 죽거나 기형아 출생률이 높게 나오지는 않는다.

그렇다면, 국제적으로 공인된 전문가 집단의 견해는 무엇이었을까? UN방사선 과학위원회(UNSCEAR)의 2013년, 2017년 보고서에 따르면 후쿠시마 지역에서 방사선 피폭으로 인한 사망자는 없었으며, 앞으로도 없을 것으로 추정된다. 또한 갑상선암 등을 비롯한 고형암 사망률의 증가나 기형아 출생률의 증가 또한 없으며 앞으로도 없을 전망이다.

국제적으로 기형아 출생률이 높게 나타나는 국가들은 그림 14에 보이는 것처럼 방사선 사고가 발생했던 국가들이 아닌, 대기오염이 심하거나 가난한 국가들이 주류를 이룬다.

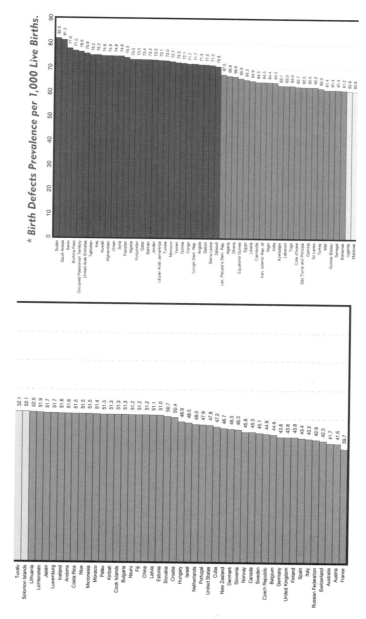

* Rankings are determined by prevalence rates, which have been calculated to the third decimal place, but are stated to the first decimal place, due to space limitations.

그림14. 국가별 1,000명당 출생결함(단위 : 명)

프랑스처럼 원자력발전 비중이 70%를 넘나드는 국가는 도리어 기형아 출생률이 가장 낮은 4% 수준에 머무르며, 수단이나 사우디아라비아, 아랍에미리트, 인도처럼 대기오염이 심하거나 각종 바이러스성 질환에 시달리는 국가들은 6~8%에 달하는 기형아 출생률이 보고되고 있다.

반면, 과거 체르노빌 원전사고 당시 방사성 낙진의 대부분이 내려앉은 벨라루스와 같은 국가는 우리나라와 비슷한 5.5% 정도의 기형아 출생률이 보고되고 있을 뿐이다.

발암 확률의 증가 역시 마찬가지다. 히로시마와 나가사키 원폭 생존자들에 대한 지난 70년간의 역학조사 결과에서 100mSv 미만의 방사선에 피폭된 사람들은 피폭되지 않은 이들과 비교할 때 암 사망률의 증가가 나타나지 않았다. 후쿠시마 지역은 원전사고에도 불구하고 민간인들 중 아무도 100mSv를 초과하는 방사선 피폭을 받은 사람이 존재하지 않기 때문에 사망자도 없고, 앞으로의 만성 영향도 발생하지 않을 것이라는 과학적 결론을 얻을 수 있다.

그렇다면 어째서 피난 조치를 내렸을까?

이 문제는 결국 사회적 통념과 과학적 연구결과가 다양한 요소를 종합 고려하여 위험의 최소화를 어떻게 달성할 것인지에 대한 합의 점이 만들어지지 못하면서 발생한 소동에 가깝다고 볼 수 있다.

적어도 후쿠시마 지역에서는 1년을 초과하는 장기 피난 조치가 그렇지 않았을 때보다 불필요한 사망자를 늘렸다. 만약 원전사고로 인한 방사선량 증가가 문제였다면, 건강 영향이나 사망자는 방사선에 훨씬 민감한 영유아 집단에서 발생했어야 한다.

그러나 실제 후쿠시마 지역에서 발생한 사망자의 90%는 만 60세 이상의 노령층에 집중되었다. 피난 생활로 인해 건강이 좋지 않은 노인들이 제대로 된 의료혜택을 보지 못했기 때문이다.

원자력발전소, 석탄발전소, 가스발전소, 태양광발전소를 막론하고 확률적 측면에서 인간의 건강이나 환경에 대해 위해성이 존재하지 않는 에너지원은 없다.

그렇다고 해서 이러한 에너지원들을 사용하지 않는다면 현생인류는 더 큰 재난에 부딪히게 될 것이다. 그림 15에 보이는 것처럼 에너지 사용량과 사회적 풍요는 비례하고, 사회적 풍요는 건강 및 평균 수명의 증가, 사망률의 감소에 기여하기 때문이다.

그래서 이러한 에너지원들의 사용에 따르는 이득의 크기를 최대화하고 위험의 크기를 최소화하기 위해 환경기준치라는 것을 만들어 내는 것이고, 이러한 환경기준치는 일상적인 상황에서는 반드시

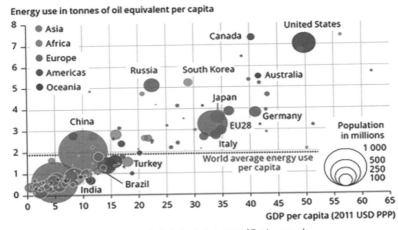

그림15. 에너지 소비량과 GDP(출처 : EEA)

지켜지도록 강제하는 것이 당연하다.

그러나 이러한 환경기준치는 통상적으로 인간에게 영향이 나타나지 않는 양의 100분의 1 미만을 기준으로 만들어지고 있다. 따라서 이를 초과한 사건이 발생했을 때, 광범위한 장기 대피령을 내리는 것에 대해서는 또 다른 사회적 합의 기준을 만들어 낼 필요가 있다. 후쿠시마나 체르노빌의 사례처럼 방사선 피폭에 의한 피해보다 피난민이 겪게 되는 정신적 스트레스와 경제적 궁핍 때문에 훨씬 큰 인명피해와 재산피해가 발생할 수 있기 때문이다.

객관적 측정 결과, 후쿠시마 원전사고에도 불구하고 방사선 피폭에 관한 한, 적어도 후쿠시마현의 97%는 분명히 대한민국보다도 안전하다. 게다가 대한민국의 원전은 후쿠시마 원전과는 비교할 수 없는 매우 높은 안전성을 지니고 있다.

　이제는 공포심이 아니라, 과학적 근거하에 대승적이고 건설적인 미래의 에너지 믹스를 다시 논의할 때다. 인류는 당면한 기후 위기를 돌파하기 위해서라도 아직 원자력이 절실하다.

드네프르강의 눈물

초판 1쇄 2022년 2월 28일

지은이 한영복, 고범규
발행인 김재홍
총괄/기획 전재진
마케팅 이연실
디자인 현유주

발행처 도서출판지식공감
등록번호 제2019-000164호
주소 서울특별시 영등포구 경인로82길 3-4 센터플러스 1117호{문래동1가}
전화 02-3141-2700
팩스 02-322-3089
홈페이지 www.bookdaum.com
이메일 bookon@daum.net

가격 15,000원
ISBN 979-11-5622-683-3   03500